机电专业新技术普及丛书

数控车床加工技术（FANUC系统）

主　编　李红波　夏东亮　马永军
副主编　盛艳君　朱立新　吕福玲　王　建
　　　　伊洪彬
参　编　张莉娟　丁泽庆　郭　剑　袁　磊
　　　　吴长有　卢超宇

机械工业出版社

本书主要内容包括：数控车床概述，数控车床操作基础，数控车削编程加工基础，内、外轮廓加工，切槽加工，螺纹加工，宏程序编程，配合零件的编程及加工。书中安排了大量典型加工实例，使读者能够结合实例进行学习，快速掌握数控车床的编程方法及操作技巧。

本书可供中、高级数控车床操作工培训和自学使用，也可作为企业培训部门、职业技能培训机构的培训教材，还可作为工程技术人员的参考书。

图书在版编目（CIP）数据

数控车床加工技术：FANUC 系统/李红波，夏东亮，马永军主编. —北京：机械工业出版社，2012.3（2023.1 重印）

（机电专业新技术普及丛书）

ISBN 978-7-111-36837-3

Ⅰ.①数… Ⅱ.①李…②夏…③马… Ⅲ.①数控机床：车床 - 车削 - 加工工艺 - 技术培训 - 教材 Ⅳ.①TG519.1

中国版本图书馆 CIP 数据核字（2011）第 270850 号

机械工业出版社（北京市百万庄大街 22 号　邮政编码 100037）
策划编辑：朱　华　　责任编辑：邓振飞
版式设计：常天培　　责任校对：肖　琳
封面设计：路恩中　　责任印制：邸　敏
北京盛通商印快线网络科技有限公司印刷
2023 年 1 月第 1 版第 4 次印刷
184mm×260mm・11.75 印张・287 千字
标准书号：ISBN 978-7-111-36837-3
定价：35.00 元

电话服务	网络服务
客服电话：010-88361066	机 工 官 网：www.cmpbook.com
010-88379833	机 工 官 博：weibo.com/cmp1952
010-68326294	金 书 网：www.golden-book.com
封底无防伪标均为盗版	机工教育服务网：www.cmpedu.com

丛书编委会

主　任：王　建
副主任：楼一光　雷云涛　李　伟　王小绢
委　员：张　宏　王智广　李　明　王　灿　伊洪彬　徐洪亮
　　　　　施利春　杜艳丽　李华雄　焦立卓　吴长有　李红波
　　　　　何宏伟　张　桦

前言
FOREWORD

随着经济全球化进程的不断加快，发达国家的制造能力加速向发展中国家转移，我国已成为全球的加工制造基地，这就凸显了我国高技能型人才严重短缺的现实问题，特别是对掌握数控加工技术以及自动化新技术人才的需要越来越多，而很多工人受条件限制，无法到学校接受系统的数控加工技术以及自动化新技术的职业教育；对于离开校园数年、有一定工作经验的人员，也需要进行"充电"，以适应新技术发展的需要。

为解决上述矛盾，本丛书编委会组织一批学术水平高、经验丰富、实践能力强，身处企业、行业一线的专家在充分调研的基础上，结合企业实际需要，共同研究培训目标，编写了这套机电专业新技术普及丛书。

本套丛书的编写特色有：

1. 坚持以"以技能为核心，面向青年工人的继续充电、继续提高"为培养方针，把企业和技术工人急需的高新技术进行普及和推广，加快高技能人才的培养，更好地满足企业的用人需求。

2. 更注重实际工作能力和动手技能的培养，内容贴近生产岗位，注重实用，力图实现培训的"短、平、快"，使学员经过培训后能立即胜任本岗位的工作。

3. 在内容上充分体现一个"新"字，即充分反映新知识、新技术、新工艺和新设备，紧跟科技发展的潮流，具有先进性和前瞻性。

4. 以解决实际问题为切入点，尽量采用以图代文、以表代文的编写形式，最大限度降低学习难度，提高读者的学习兴趣。

本套丛书涉及数控技术和电气技术两大领域，是面向有志于学习数控加工、机电一体化以及自动控制实用技术，并从事过相关工作的技术工人的培训用书。适合有一定经验的工人进行自学或转岗培训。

我们希望这套丛书能成为读者的良师益友，能为读者提供有益的帮助！

本书由李红波、夏东亮、马永军任主编，盛艳君、朱立新、吕福玲、王建、伊洪彬任副主编。参加编写的人员有：张莉娟、丁泽庆、郭剑、袁磊、吴长有、卢超宇。全书由张习格任主审，朱丽军参审。

由于时间和水平有限，书中难免存在不足之处，敬请广大读者批评指正。

编 者

目录 CONTENT

前言

1	**第一章**	**数控车床概述**
1	第一节	数控车削加工工艺文件
4	第二节	数控车削刀具及选用
8	第三节	数控车床系统的基本功能
20	**第二章**	**数控车床操作基础**
20	第一节	数控车床安全操作规程
23	第二节	FANUC 系统操作面板
28	第三节	数控车床基本操作方法
32	第四节	数控车床切削加工
36	**第三章**	**数控车削编程加工基础**
36	第一节	台阶轴的编程及加工
42	第二节	圆锥轮廓零件的编程及加工
46	第三节	圆弧轮廓零件的编程及加工
54	**第四章**	**内、外轮廓加工**
54	第一节	单一固定循环 G90 车削外圆
59	第二节	单一固定循环 G94 车削端面
64	第三节	粗车复合循环 G71 车削内、外轮廓
75	第四节	粗车复合循环 G72 车削端面轮廓
80	第五节	封闭轮廓复合循环 G73 车削外轮廓

87	**第五章**	**切槽加工**
87	第一节	G01 指令切槽
93	第二节	径向切槽循环 G75 切深槽
97	第三节	端面切槽循环 G74 切端面槽
101	第四节	调用子程序车均布梯形槽
108	**第六章**	**螺纹加工**
108	第一节	普通外螺纹加工
119	第二节	双线内螺纹加工
126	第三节	梯形螺纹加工
135	第四节	变导程螺纹加工
142	**第七章**	**宏程序编程**
142	第一节	B 类宏程序介绍
146	第二节	B 类宏程序应用实例
157	**第八章**	**配合零件的编程及加工**
157	第一节	圆锥配合零件的编程及加工
162	第二节	圆弧螺纹配合零件的编程及加工
170	第三节	椭圆螺纹配合零件的编程及加工
180	**参考文献**	

第一章 数控车床概述

第一节 数控车削加工工艺文件

学习目标

1. 掌握数控加工编程任务书的书写格式。
2. 了解数控加工工序卡。
3. 了解数控机床调整单及刀具调整单。
4. 掌握数控加工程序单的书写格式。

数控加工工艺文件不仅是进行数控加工和产品验收的依据,也是操作者需要遵守和执行的规程。数控加工工艺文件是利用数控机床进行加工的具体说明。该文件包括编程任务书、数控加工工序卡、数控机床调整单、数控刀具调整单、数控加工程序单等。

编写数控加工工艺文件是数控加工工艺设计的内容之一。各企业可根据自己的情况自行设计数控加工工艺文件的格式,其内容也各不相同。为了加强技术文件管理,数控加工工艺文件也应向标准化、规范化发展,但国家工业标准尚无统一规定。

一、数控加工编程任务书

数控加工编程任务书是工艺人员对数控加工要求的说明,如工序说明、技术要求和数控加工前应保证的加工余量等,见表1-1。

表1-1 数控加工编程任务书

××工厂 数控加工基地	数控编程任务书	产品代号	QT001	任务书编号	
		零件编号	QT—01	RWS001	
主要技术说明: ……					
设备编号		经手人		编程日期	
工艺员		编程员			
审核		批准		共 页 第 页	

二、数控加工工序卡

数控加工工序卡与普通的加工工序卡很相似，表述的也是加工工艺内容，但同时还反映了使用的辅具、刀具、切削参数、切削液等，它是操作人员配合数控程序进行数控加工的主要指导性工艺资料。数控加工工序卡应按确定的工步顺序填写，具体内容见表 1-2。

表 1-2 数控加工工序卡

××工厂 数控加工基地		数控加工工艺卡		产品编号	QT001	工序内容	
				零件编号	QT—01		
工序号		01		工件材料	45 钢	编程日期	
工步号	程序号	内容	刀具号	刀具材料	刀具规格	刀具参数	
						主轴转速/(r/min)	进给量/(mm/r)
01	O0001	加工左端端面	T0101	硬质合金	80°刀片	800	0.3
02	O0002	加工外轮廓面	T0202	硬质合金	35°刀片	1000	0.2
03	O0003	加工外沟槽	T0303	硬质合金	刀宽3mm	500	0.1
04	O0004	加工管螺纹	T0404	硬质合金	60°刀片	800	1.5
编制		审核		批准		共 页	第 页

三、刀具调整单

数控机床刀具调整单主要包括数控刀具卡片和数控刀具明细表两部分。数控加工对刀具的要求十分严格，一般在机外对刀仪上预先调整好。刀具调整单主要反映了刀具编号、刀具名称、刀具参数的设定与实际测量结果等。刀具调整单是调刀人员和机床操作者进行刀具参数输入的主要依据。具体内容参见表 1-3。

表 1-3 刀具调整单

××工厂 数控加工基地		刀具调整单	产品编号	QT002	零件名称		
			零件编号	QT—02	螺纹轴		
工步号	刀具号	刀具种类	直径/mm		长度/mm		备注
			理论值	实测值	理论值	实测值	
01	T02	外圆刀	50	50.05	100	100.1	
⋮	⋮	⋮	⋮	⋮	⋮	⋮	⋮
制表		测量员			日期		

四、刀具卡

刀具卡主要反映了刀具编号、刀具的规格、刀具名称等参数，它是组装刀具和调整刀具的依据。具体内容参见表 1-4。

表 1-4 刀具卡

刀具卡		零件编号	QT—03	程序编号	O0001
单位名称		刀具编号	CD—04	刀具名称	螺纹车刀
刀具组成	序号	编号	刀具名称	规格	数量	备注
	1	JC—01	刀杆		1	

（续）

刀具卡		零件编号	QT—03	程序编号	O0001
刀具组成	序号	编号	刀具名称	规格	数量	备注
	2	JC—02	刀头		1	
	3	JC—03	刀片锁紧螺钉		1	
	4	JC—04	刀片		1	
	5	JC—05	刀垫		1	
	6	JC—06	刀垫锁紧螺钉		1	

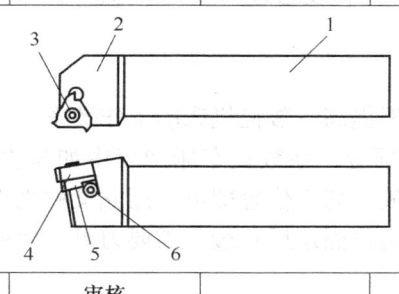

编制		审核		批准		日期	

五、加工程序单

加工程序单是编程人员根据工艺分析情况，经过数值计算，按照数控机床说明书指定的代码格式编制的，它记录了工件的加工工艺过程、工艺参数和切削参数等内容，见表1-5。

表1-5 加工程序单

数控车床程序卡	编程原点		工件端面的中心上		编程系统	FANUC
	零件名称	圆弧加工	零件图号	SQC-11	材料	45钢
	机床型号	SKC6136	夹具名称		实训车间	数控中心
程序段号	程序内容				注释	
	O0001；				程序起始符	
N010	T0404；				调用4号螺纹车刀	
N020	M03 S600；				主轴正转600r/min	
N030	G00 G99 X30.0 Z5.0；				快速定位至直径φ30，距端面正向5mm	
N040	G92 X26.2 Z-13.0 F1.5；					
N050	X25.6；				用G92车削外螺纹	
N060	X25.2；					
N070	X25.04；					
N080	G00 X100.0 Z10.0 M05；				返回刀具换刀点，停主轴	
N090	M30；				程序结束	

第二节 数控车削刀具及选用

学习目标
1. 了解数控车床上所使用的刀具。
2. 了解数控机床刀具的材料和适用范围。
3. 能够正确选用刀具及合理的加工参数。

刀具的标准化和模块化不但提高了数控机床的工作效率,而且在使用中非常方便。数控车床的刀具分为刀杆与刀片两部分,在数控车床加工中如需更换磨损的刀片,只需松开螺钉,将刀片转位,将新的刀片放于切削位置即可,因此又称之为可转位刀片。由于可转位刀片的尺寸精度较高,所以刀片转位固定后一般不需要刀具尺寸补偿或仅需要少量刀具尺寸补偿就能正常使用。

数控车床刀具如图1-1所示,其加工形式按进刀方向不同可分为左进刀、右进刀和中间进刀三种形式;按刀具对工件的加工位置不同可分为内孔加工、外圆加工和端面加工三种形式;按加工工件形状不同可分为切槽加工、螺纹加工和成形加工三种形式。

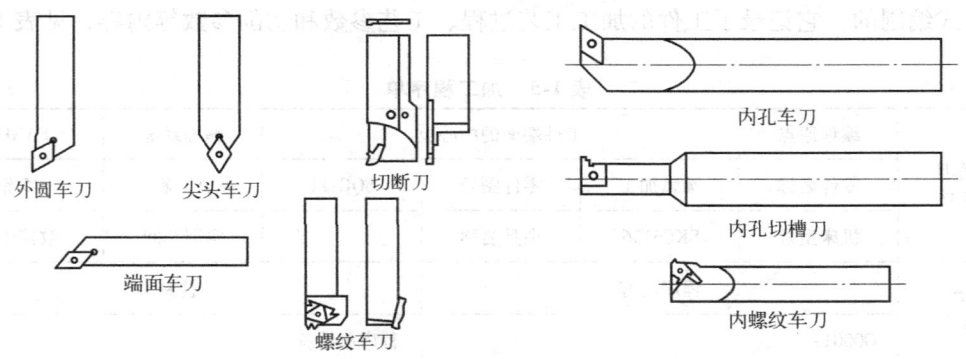

图1-1 车床常用刀具

一、数控车削刀具材料

数控加工中常用的刀具材料有高速钢、硬质合金、陶瓷、金刚石、立方氮化硼等。目前广泛使用气相沉积技术来提高刀具的切削性能和刀具寿命。

1. 高速钢

高速钢是由W、Cr、Mo等合金元素组成的合金工具钢,相对碳素工具钢,高速钢具有较高的强度和韧性,并有一定的硬度,因而适合于加工有色金属和各种金属材料;又由于高速钢有很好的加工工艺性,所以适合制造成复杂的成形刀具。但是,高速钢耐磨性差、耐热性差,已难以满足现代切削加工对刀具材料越来越高的要求。

2. 硬质合金

硬质合金是数控车削刀具最常用的材料,它由难熔金属碳化物(如WC、TiC、TaC、

NbC等）和金属粘合剂（Co、Mo、Ni等）经粉末冶金的方法烧结而成。硬质合金是一种混合物，具有很高的硬度、耐热性、耐磨性和热稳定性，但抗弯强度和耐冲击性较差。按GB/T 2075—2007（参照采用ISO513：1991）可分为K、P、M三类：

K类（我国的YG类属于K类），用于加工短切屑的黑色金属（如铸铁类材料）、有色金属（如铜、铝等）和非金属材料。用红色作标志，常用的是WC-Co类硬质合金，常用牌号有YG3X、YG6X、YG6、YG8、YG10H等。

P类（我国的YT类属于P类），用于加工长切屑的黑色金属（如钢类材料）。用蓝色作标志，常用的是WC-TiC-Co类硬质合金（在YG类中加入不同含量的TiC），常用牌号有YT5、YT14、YT15、YT30等。

M类（我国的YW类属于M类），通用于上述材料，用黄色作标志，又称通用硬质合金，常用的是WC-TiC-TaC（NbC）-Co类硬质合金（在YT类中加入不同含量的TaC或NbC），常用牌号有YW1、YW2等。

3. 陶瓷

陶瓷刀具材料主要由硬度和熔点都很高的Al_2O_3（氧化铝）或Si_3N_4（氮化硅）等组成，另外还有少量的金属碳化物、氧化物等添加剂，通过粉末冶金工艺方法压制烧结而成，有很高的硬度、耐磨性、耐热性和耐氧化性。常用的陶瓷刀具材料有两种：Al_2O_3基陶瓷和Si_3N_4基陶瓷。

但陶瓷刀具的强度、韧性和耐冲击性较差，一般用于高速精细加工。

4. 金刚石

金刚石分人造金刚石和天然金刚石两种，做切削刀具的材料大多数是人造金刚石，其硬度极高，可达10000 HV（硬质合金仅为1300～1800HV）。其耐磨性是硬质合金的80～120倍。但韧性差，对铁族材料亲和力大。因此一般不宜加工黑色金属，主要用于硬质合金、玻璃纤维塑料、硬橡胶、石墨、陶瓷、有色金属等材料的高速精加工。

5. 立方氮化硼（CBN）

立方氮化硼（CBN）是纯人工合成的超硬刀具材料，其硬度可达7300～9000HV，仅次于金刚石的硬度。其热稳定性好，可耐1300～1500℃高温，与铁族材料亲和力小。但强度低，焊接性差。目前主要用于加工淬火钢、冷硬铸铁、高温合金和一些难加工材料。

6. 涂层刀具

涂层刀具是近20年出现的一种新型刀具材料，是刀具发展中的一项重要突破，是解决刀具材料中硬度、耐磨与强度、韧性之间矛盾的一个有效措施。涂层刀具是在一些韧性较好的硬质合金或高速钢刀具基体上，涂覆一层耐磨性高的难熔化金属化合物而获得的。目前涂层技术可分为两大类，即化学气相沉积技术（Chemical Vapor Deposition，缩写为CVD）和物理气相沉积技术（Physical Vapor Deposition，缩写为PVD）。常用的涂层材料有TiC、TiN和Al_2O_3等。

二、机夹可转位车刀

为了减少换刀时间和方便对刀，便于实现机械加工的标准化，数控车削加工时，应尽量采用机夹刀和机夹刀片，机夹刀片常采用可转位车刀。如图1-2所示。

这种车刀就是把经过研磨的可转位多边形刀片用夹紧组件夹在刀杆上。车刀在使用过程中，一旦切削刃磨钝后，通过刀片的转位，即可用新的切削刃继续切削，只有当多边形刀片所有的切削刃都磨钝后，才需要更换刀片。

1. 刀片外形的选择

刀片的形状如图 1-3 所示。

刀片外形与加工的对象、刀具的主偏角、刀尖角和有效刃数等有关。一般外圆车削常用 80°凸三边形（W 型）、四方形（S 型）和 80°棱形（C 型）刀片。成形加工常用 55°菱形（D 型）、35°菱形（V 型）和圆形（R 型）刀片。90°主偏角常用三角形（T 型）刀片。不同的刀片形状有不同的刀尖强度，一般刀尖角越大，刀尖强度越大，反之亦然。圆形（R 型）刀片刀尖角最大，35°菱形（V 型）刀片刀尖角最小。在选用时，应根据加工条件恶劣与否，按重、中、轻切削有针对性地选择。在机床刚性、功率允许的条件下，大余量、粗加工应选用刀尖角较大的刀片；反之，机床刚性和功率小、小余量、精加工时宜选用刀尖角较小的刀片。

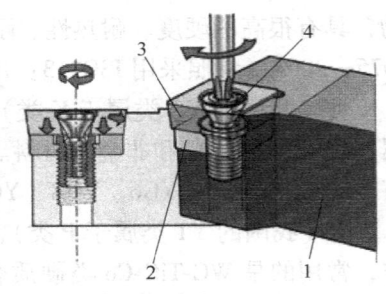

图 1-2 机夹可转位车刀
1—刀杆　2—刀垫　3—刀片　4—夹紧组件

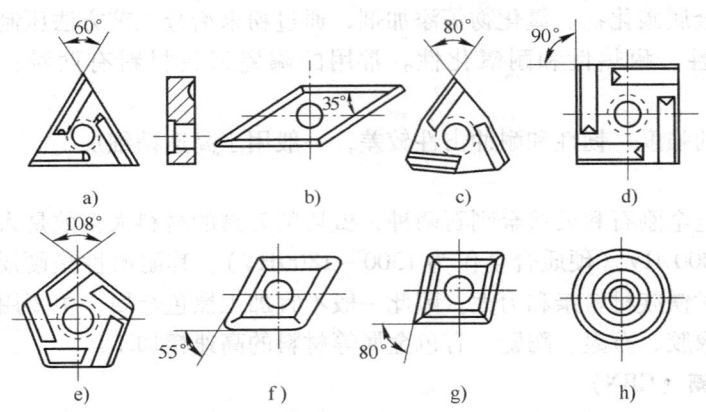

图 1-3 常用刀片的外形
a) T 型　b) V 型　c) W 型　d) S 型　e) P 型　f) D 型　g) C 型　h) R 型

2. 可转位刀片型号

按国家标准 GB/T 2076—2007。例如：车刀可转位刀片 CNMG120408EN 公制型号为

① ② ③ ④ ⑤ ⑥ ⑦ ⑧ ⑨
C N M G 12 04 08 E N

1——刀片形状；代号 C 表示刀尖角为 80°的菱形刀片。

2——刀片法后角；代码 N 表示法后角为 0°。

3——允许偏差等级，即刀片内切圆直径 d 与刀片的厚度 s 和刀尖位置尺寸 m 的偏差等级代号；代码 M 表示刀尖位置尺寸允许偏差 ±0.08 ~ ±0.2mm，刀片内切圆允许偏差 ±0.05 ~ ±0.15mm，厚度允许偏差 ±0.13mm。

4——夹固形式及有无断屑槽；代号 G 表示双面有断屑槽，有圆形固定孔。

5——刀片长度；代号 12 表示切削刃长度为 12mm。

6——刀片厚度；代号 04 表示刀片厚度为 4.76mm。

7——刀尖角形状;代号 08 表示刀尖圆弧半径为 0.8mm。
8——切削刃截面形状;代码 E 表示倒圆切削刃。
9——切削方向;代号 N 表示双向。

3. 可转位刀片的夹紧方式

对刀片的夹紧方式有如下基本要求:
1) 夹紧可靠,不允许刀片松动或移动。
2) 定位准确,确保定位精度和重复精度。
3) 排屑流畅,有足够的排屑空间。
4) 结构简单,操作方便,制造成本低,转位动作快。

如图 1-4 所示,常见的可转位刀片的夹紧方式有以下几种:杠杆式、螺销上压式、螺钉上压式、楔钩式、压孔式等。

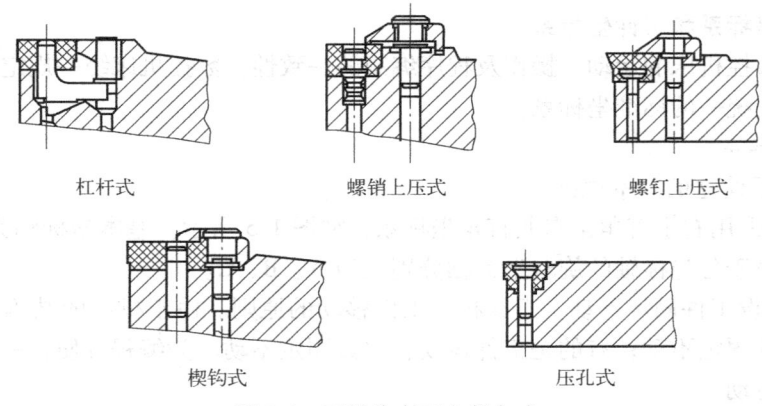

图 1-4 可转位车刀夹紧方式

4. 刀片后角的选择

常用的刀片后角有 N 型(0°)、C 型(7°)、P 型(11°)、E 型(20°)等。一般粗加工、半精加工可用 N 型;半精加工、精加工可用 C、P 型,也可用带断屑槽的 N 型刀片;加工铸铁、硬钢可用 N 型;加工不锈钢可用 C、P 型;加工铝合金可用 P、E 型等;加工弹性恢复性好的材料可选用后角大一些的刀片角;一般孔加工可选用 C、P 型刀片,大尺寸孔可选用 N 型。

5. 刀尖圆弧半径的选择

刀尖圆弧半径不仅影响切削效率,而且关系到被加工表面的粗糙度及加工精度。从刀尖圆弧半径与最大进给量关系来看,最大进给量不应超过刀尖圆弧半径尺寸的 80%(见表 1-6),否则将恶化切削条件,甚至出现螺纹状表面和打刀等问题。刀尖圆弧半径还与断屑的可靠性有关,为保证断屑,切削余量和进给量有一个最小值。当刀尖圆弧半径减小,所得到的这两个最小值也相应减小,因此,从断屑可靠的角度出发,通常对于小余量、小进给量的车削加工应采用小的刀尖圆弧半径,反之宜采用较大的刀尖圆弧半径。

表 1-6 不同刀尖圆弧半径时的最大进给量

刀尖圆弧半径/mm	0.2	0.4	0.8	1.2	1.6	2.4
最大推荐进给量/(mm/r)	0.05~0.2	0.25~0.35	0.4~0.7	0.5~1.0	0.7~1.3	1.0~1.8

第三节　数控车床系统的基本功能

学习目标

1. 了解数控车床编程的基本概念，掌握数控车床编程中几个坐标系的相互关系。
2. 掌握数控车削编程的格式，熟悉车削编程的各种指令。
3. 了解刀具补偿的产生原因，掌握常见的刀具补偿方法。

一、机床坐标系和工件坐标系

为了保证数控机床的运动、操作及程序编制的一致性，数控机床统一规定了机床坐标系统，编程时采用统一的标准坐标系。

1. 机床坐标系

（1）坐标系建立的基本原则

1）坐标系采用右手直角笛卡儿直角坐标系，如图 1-5 所示。基本坐标轴为 X、Y、Z 直角坐标轴；相对于各坐标轴的旋转坐标轴分别记为 A、B、C。

2）采用假设工件固定不动，刀具相对工件移动的原则。由于机床的结构不同，有的是刀具运动，工件固定不动；有的是工件运动，刀具固定不动。为编程方便，一律规定工件固定不动，刀具运动。

3）采用使刀具与工件之间距离增大的方向为该坐标轴的正方向，反之则为负方向。即取刀具远离工件的方向为正方向。旋转坐标轴 A、B、C 的正方向确定如图 1-5 所示，按右手螺旋定则确定。

（2）各坐标轴的确定　确定数控车床坐标轴时，一般先确定 Z 轴，然后确定 X 轴和 Y 轴（如图 1-6 所示）。

Z 轴：一般以传递切削力的主轴定为 Z 坐标轴，如果机床有一系列主轴，则选尽可能垂直于工件装夹面的主要轴为 Z 轴。Z 轴的正方向为刀具远离工件的方向。

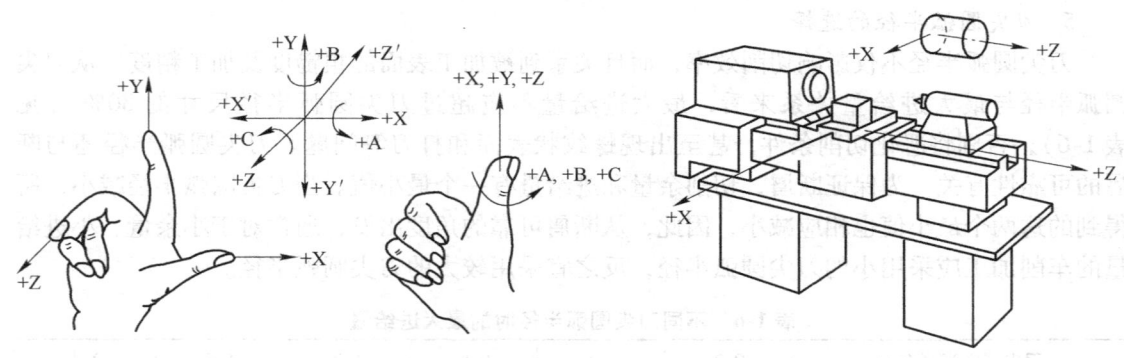

图 1-5　右手直角笛卡儿坐标系统　　　　图 1-6　数控车床坐标系

X 轴：为水平的、平行于工件装夹平面的轴。对于数控车床，X 轴的方向在工件径向上，平行于车床的横导轨。对无主轴的机床（如刨床），X 轴正方向平行于切削方向。

（3）数控车床坐标系统 数控车床的坐标系如图 1-7 所示，其中：图 1-7a 所示为刀架前置的数控车床的坐标系。图 1-7b 所示为刀架后置的数控车床的坐标系。

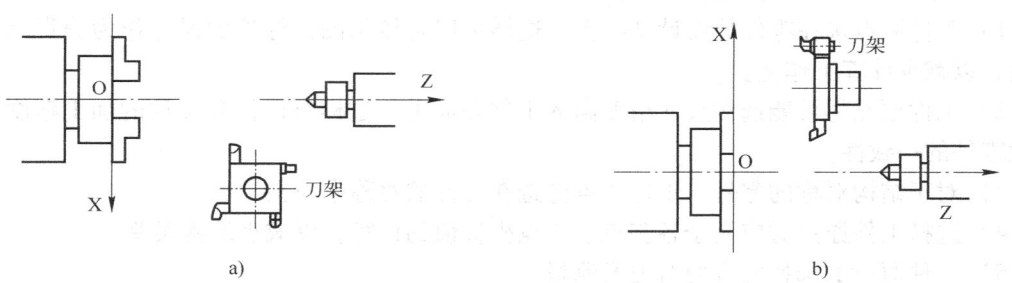

图 1-7 数控车床的坐标系
a）刀架前置的数控车床的坐标系 b）刀架后置的数控车床的坐标系

（4）机床坐标系的原点 机床坐标系的原点是机床上固有的点，它是其他所有坐标系，如工件坐标系、编程坐标系以及机床参考点的基准点。从机床设计的角度看，该点位置可以任意选择，但对某一具体机床来说，该点是机床的固定点，其位置由机床制造商确定。数控车床的机床原点一般设在卡盘前端面或后端面与主轴中心线的交点处，如图 1-8 所示。

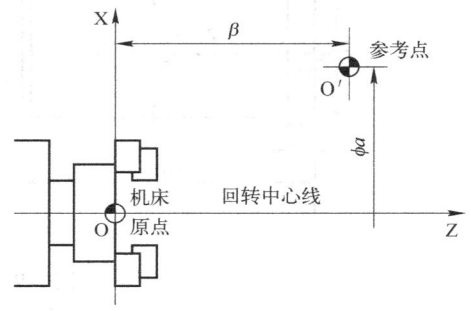

图 1-8 数控车床机床原点和参考点

（5）机床参考点 机床参考点与机床原点不同，但两者又很容易混淆。机床参考点是用于对机床工作台、滑板以及刀具相对运动的测量系统进行定标和控制的点，有时也称机床零点。它是在加工之前和加工之后，用控制面板上的"回零"按钮使移动部件退回到机床坐标系中的一个固定不变的极限点。

机床参考点已由机床制造商测定后作为系统参数输入数控系统，并记录在机床说明书中，用户不得改变。数控机床在工作时，移动部件必须首先返回参考点，测量系统置零之后即可以参考点作为基准，随时测量运动部件的位置，刀具（或工作台）移动才有基准。

通常在数控车床上机床参考点是离机床原点最远的极限点。数控车床的机床原点、机床参考点位置如图 1-8 所示。

（6）机床坐标系、机床零点和机床参考点关系 数控装置接通电源时并不知道机床零点，为了正确地在机床工作时建立机床坐标系，通常在每个坐标轴的移动范围内设置一个机床参考点（测量起点），机床起动时，通常要进行机动或手动回参考点，以建立机床坐标系。机床参考点可以与机床零点重合，也可以不重合，可通过参数指定机床参考点到机床零点的距离。机床回到了参考点位置，也就知道了该坐标轴的零点位置，找到所有坐标轴的参考点，就建立起了数控车床机床坐标系。

2. 工件坐标系

工件坐标系是为了编程方便，由编程人员在编制数控加工程序前在工件图样上设置的，也叫编程坐标系，其原点就是工件原点或编程原点。

工件坐标系的设置主要考虑工件形状、工件在机床上的装夹方法以及刀具加工轨迹计算等因素，选择工件原点的一般原则是：

1) 工件原点选在零件的设计基准上，这样可以直接用图样标注的尺寸作为编程点的坐标值，以减少计算工作量。

2) 工件原点尽可能选在尺寸精度高的工件表面上，这样可以提高工件的加工精度和同一批零件的一致性。

3) 对于结构对称的零件，工件原点应选在工件的对称中心上。

4) 选择工件原点时应便于各基点、节点坐标值的计算，以减小编程误差。

5) 工件原点的选择应方便对刀及测量。

根据上述原则，数控车床工件原点一般设在主轴中心线上与工件的左端面或右端面的交点处，如图 1-9 中所示的 O_1 或 O_2。

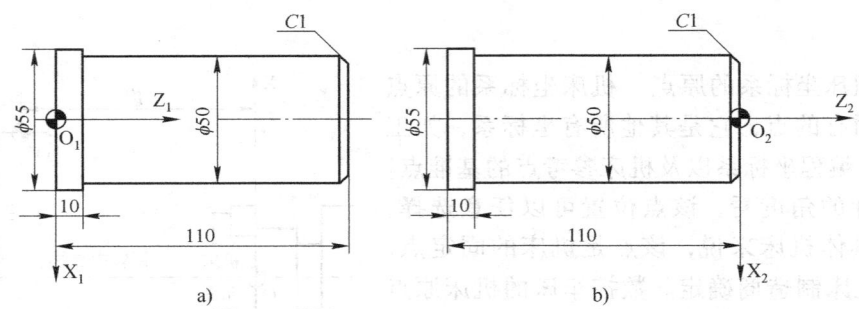

图 1-9 数控车床工件原点

二、数控车床基本编程指令

1. 数控车床 G 指令代码

数控车床系统常用的准备功能指令，见表 1-7。

2. 坐标系设定

当工件安装在卡盘上以后，机床坐标系一般和工件坐标系是不重合的，数控系统并不知道用户的编程坐标系在什么位置，因此，编程人员必须建立工件坐标系，使刀具在此坐标系中进行加工。

（1）工件坐标系设定（G50）

功能：该指令以程序原点为工件坐标系的中心（原点），程序原点与刀具起点之间的关系构成工件坐标系，用 G50 指令来建立，如图 1-10 所示。

指令格式：G50 X_ Z_ ；

其中，X_ Z_ 是刀具出发点在工件坐标系中的坐标值。

说明：

1) 通常 G50 编在加工程序的第一段。

2) 运行程序前，刀具必须位于 G50 指定的位置。

表 1-7　FANUC0i 系统常用准备功能 G 指令

G 代码	组	功　能	G 代码	组	功　能
*G00	01	快速定位（快速移动）	G56	14	选择工件坐标系 3
G01		直线插补（切削进给）	G57		选择工件坐标系 4
G02		圆弧插补（CW，顺时针）	G58		选择工件坐标系 5
G03		圆弧插补（CCW，逆时针）	G59		选择工件坐标系 6
G04	00	暂停	G65	00	宏程序调用
G20	06	英制输入	G66	12	宏程序调用模态
G21		米制输入	G67		宏程序调用取消
G22	04	内部行程限位有效	G70	00	精车循环
G23		内部行程限位无效	G71		内外径粗车循环
G27	00	检查参考点返回	G72		端面粗车循环
G28		参考点返回	G73		成形车削循环
G29		从参考点返回	G74		深孔钻削
G30		回到第二参考点	G75		切槽循环
G32	01	等螺距螺纹切削	G76		切螺纹循环
G34		变螺距螺纹切削	G90	01	单一形状固定循环
*G40	07	取消刀尖半径偏置	G92		螺纹切削循环
G41		刀尖半径偏置（左侧）	G94		端面切削循环
G42		刀尖半径偏置（右侧）	G96	02	恒表面切削速度控制
G50	00	主轴最高转速设置（坐标系设定）	*G97		恒表面切削速度控制取消
G53		选择机床坐标系	G98	05	指定每分钟移动量
*G54	14	选择工件坐标系 1	*G99		指定每转移动量
G55		选择工件坐标系 2			

注：带 * 号的 G 指令表示接通电源时，即为该 G 指令的状态。00 组的 G 指令为非模态 G 指令，其他均为模态 G 指令。

（2）工件坐标系的选择指令（G54～G59）

功能：在编程过程中进行编程坐标系（工件坐标系）的平移变换，使编程坐标系的零点偏移到新的位置，如图 1-11 所示。

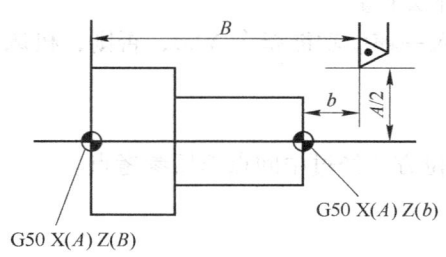

图 1-10　G50 工件坐标系设定

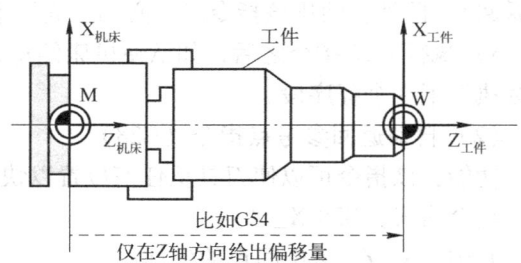

图 1-11　工件坐标系选择

指令格式：G54(~G59) X_ Z_ ；

其中，X_ Z_ 是工件原点在机床坐标系中的坐标值。

说明：G54~G59 是系统预定的 6 个坐标系，可根据需要任意选用。加工时其坐标系的原点，必须设为工件坐标系的原点在机床坐标系中的坐标值，否则加工出的产品就有误差或报废。

这 6 个预定工件坐标系的原点在机床坐标系中的值（工件零点偏置值）可用 MDI 方式输入，系统能够自动记忆。工件坐标系一旦选定，后续程序段中绝对值编程时的指令值均为相对此工件坐标系原点的值。G54~G59 为模态功能，可以相互注销，G54 为默认值。

(3) 米制单位和英制单位　数控系统中有米制编程和英制编程两种功能。可以通过指令或参数设定是采用米制单位还是英制单位编程。米制单位为毫米（mm），英制单位为英寸（inch），1inch = 25.4mm。

系统中 G20 为英制输入制式，G21 为米制输入制式，通常机床开机默认状态为米制输入制式。

(4) 绝对/增量坐标系　建立工件坐标系之后，可以用绝对坐标方式表达各基点坐标，也可以用增量坐标方式表达各基点位置。系统默认方式为绝对坐标方式。

FANUC 0i 数控系统中 G90 为绝对坐标方式，G91 为相对坐标方式。在采用 G90 编程时，也可以用 U、W 表示 X 轴、Z 轴的增量值，这种编程方式称为混合编程。

3. 返回参考点指令

参考点是机床上一个固定的点，通过参考点返回功能，刀具可以很容易地移动到该位置。在通常情况下，接通电源后，首先执行手动返回参考点，然后，利用自动返回参考点功能，移动刀具到参考点进行换刀。

(1) 返回并检查参考点指令（G27）

功能：该指令用于检查机床能否准确返回参考点，为非模态指令。执行 G27 指令时，如果刀具能正确地沿着指定的轴返回到参考点，则该轴参考点返回灯亮；如果刀具到达的位置不是参考点，则机床报警。

指令格式：G27 X_ Z_ ；

其中，X_ Z_ 是参考点坐标值。

说明：

1) G27 指令是以快速移动速度定位刀具。

2) 执行 G27 指令的前提是机床在通电后刀具返回过一次参考点（手动返回或者 G28 指令返回）。此外，使用该指令时，必须预先取消刀具补偿的量。

3) 执行 G27 指令之后，如欲使机床停止，须加入一辅助功能指令 M00，否则，机床将继续执行下一个程序段。

(2) 自动返回参考点指令（G28）

功能：该指令可以使刀具从任何位置以快速点定位方式经过中间点返回参考点。

指令格式：G28 X_ Z_ ；

其中，X_ Z_ 是中间点的坐标值。

说明：

1) 执行该指令时，刀具先快速移动到指令值所指定的中间点，然后自动返回参考点，相应坐标轴指示灯亮。

2) 和 G27 指令相同，执行 G28 指令前，应取消刀具补偿功能。

(3) 自动从参考点返回指令（G29）

功能：该指令的作用是使刀具在返回参考点后，可经过 G28 指令所指定的中间点，快速移动到某一指定坐标点，为非模态指令。

指令格式：G29 X_ Z_ ；

其中，X_ Z_ 是目标点的坐标值。

说明：G29 可使所有编程轴以快速进给经过由 G28 指令定义的中间点，然后再到达指定点。通常该指令紧跟在 G28 指令之后。G29 指令仅在其被规定的程序段中有效。

(4) 返回第二参考点指令（G30）

功能：该指令可使被指定的轴经过中间点以快速运动的方式自动返回第二参考点。第二参考点的位置可以由系统的参数设置功能设定。

指令格式：G30 X_ Z_ ；

其中，X_ Z_ 是中间点的坐标值。

说明：第二参考点也是机床上的固定点，它和机床参考点之间的距离由参数给定，执行该指令时，应取消刀具的刀补，否则不能正确回到参考点位置。

例：用 G28、G29 对图 1-12 所示的路径编程，要求由 A 经过中间点 B 并返回参考点，然后从参考点经由中间点 B 返回到 C。

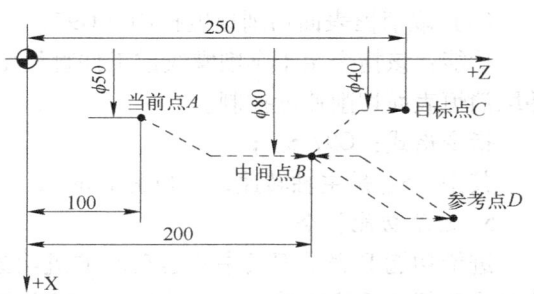

图 1-12 G28/G29 编程实例

程序如下：

O2003；
N10 G50 X50 Z100；   设立坐标系，定义对刀点 A 的位置
N20 G28 X80 Z200；   从 A 点到达 B 点再快速移动到参考点
N30 G29 X40 Z250；   从参考点 D 经中间点 B 到达目标点 C
N40 G00 X50 Z100；   回对刀点
N50 M30；   主轴停、主程序结束并复位

本例表明，编程员不必计算从中间点到参考点的实际距离。

4. 主轴转速功能指令

主轴转速功能指令是设定主轴转速或速度的指令，用字母 S 和其后面的数字表示。

(1) 主轴最高转速限制（G50）

功能：该指令可防止主轴转速过高，离心力太大，产生危险及影响机床寿命。

指令格式：G50S_ ；

其中，S_ 是主轴的最高转速，单位为 r/min。

说明：用恒表面切削速度控制加工端面、锥度和圆弧时，由于 X 坐标值不断变化，当刀具逐渐接近工件的旋转中心时，主轴转速会越来越高，工件会有从卡盘飞出的危险，所以为防止事故的发生，有时必须限定主轴的最高转速。

(2) 恒表面切削速度控制（G96）

功能：该指令用于车削端面或工件直径变化较大的场合。采用此功能，可保证当工件直径变化时，主轴的线速度不变，从而保证切削速度不变，提高了加工质量。

指令格式：G96 S_ ；

其中，S_ 是恒定线速度，单位为 m/min。

说明：在恒表面切削速控制中，由于数控系统是将 X 的坐标值当做工件的直径来计算主轴转速，所以在使用 G96 指令前必须正确地设定工件坐标系。

切削速度和主轴转速的关系如下：

$$v_c = \pi dn/1000$$

式中　v_c——切削速度（m/min）；

　　　d——工件切削直径（mm）；

　　　n——主轴转速（r/min）。

当切削线速度恒定时，若直径很小，主轴转速会很高，为防止出现"飞车"现象，程序中要限制主轴的转速。

(3) 取消恒表面切削速度控制（G97）

功能：该指令用于车削螺纹或工件直径变化较小的场合。采用此功能，可设定主轴转速并取消恒表面切削速度控制。

指令格式：G97 S_ ；

其中，S_ 是主轴转速，单位为 r/min。

5. 进给功能指令

进给功能 F 表示刀具中心运动时的进给速度。由 F 和其后的若干数字组成。数字的单位取决于每个系统所采用的进给速度的指定方法。具体内容见所用机床的编程说明书。

(1) 每分钟进给量（G98）

功能：用 F 指令表示刀架每分钟的进给量。

指令格式：G98 F_ ；

其中，F 所指定的进给速度单位为 mm/min。

说明：G98 被执行一次后，系统将保持 G98 状态，直到被 G99 取消为止。

(2) 每转进给量（G99）

功能：用 F 指令表示主轴每转的进给量。

指令格式：G99 F_ ；

其中，F 所指定的进给速度单位为 r/min。

说明：系统开机状态为 G99 状态，只有输入 G98 指令后，G99 才被取消。

下式可以实现每转进给量与每分钟进给量的转化。

$$v_f = f \times s$$

式中：v_f——每分钟的进给量（mm/min）；

　　　f——每转进给量（mm/r）；

　　　s——主轴转速（r/min）。

当在 G01、G02 或 G03 方式下工作时，编程的 F 一直有效，直到被新的 F 值所取代，而在 G00 方式下工作时，快速定位的速度与所编 F 无关。借助机床控制面板上的倍率按键，F 可在一定范围内进行倍率修调。

6. 刀具功能（T）

刀具功能用于指定加工中所用刀具号和刀具补偿号，实现调用相应刀具、建立工件坐标系和刀具补偿等功能。刀具功能字由地址 T 和后面的 4 位数或 2 位数组成。

指令格式：T＿＿＿＿；

T 后的 4 位数字分别表示选择的刀具号和刀具补偿号。前两位数字表示刀具号，后两位数字表示刀具补偿号。

7. 数控车床 M 指令

辅助功能字由地址字符 M 后接两位数字组成，亦称 M 功能。它用来指定数控机床辅助装置的接通和断开（即开关动作），表示机床的各种辅助动作及其状态。数控系统处理辅助功能指令时，向机床送出代码信号和一个选通信号，这些信号用于接通或者断开机床的强电功能。

通常，一个程序段中只能出现一次 M 代码，否则机床将报警。常用的辅助功能编程代码见表 1-8。

表 1-8 常用 M 功能

M 代码	功　能	附注	M 代码	功　能	附注
M00	程序暂停	非模态	M06	换刀	非模态
M01	选择停止	非模态	M08	切削液打开	模态
M02	程序结束	非模态	M09	切削液关闭	模态
M03	主轴顺时针旋转	模态	M30	程序结束并返回	非模态
M04	主轴逆时针旋转	模态	M98	子程序调用	模态
M05	主轴停转	模态	M99	子程序调用返回	模态

注：各种机床的 M 代码规定有差异，编程时必须根据说明书的规定进行。

（1）程序暂停（M00）　当执行到 M00 指令时，将暂停执行当前程序，以方便操作者进行刀具和工件的尺寸测量、工件掉头、手动变速等操作。暂停时，机床的主轴、进给及切削液应停止，而全部现存的模态信息保持不变，欲继续执行后续程序，重按操作面板上的"循环启动"键。

（2）选择停止（M01）　该指令的作用与 M00 相似，不同的是必须在操作面板上预先按下"任选停止"按钮，当执行完 M01 指令程序段之后，程序停止，按下"循环启动"按钮之后，继续执行下一程序段；如果不预先按下"任选停止"按钮，则会跳过该 M01 指令程序段，即 M01 指令无效。

（3）程序结束（M02）　执行 M02 指令后，主程序结束，切断机床所有动作，并使程序复位。M02 也应单独作为一个程序段设定。

（4）主轴正转、反转、停（M03、M04、M05）　M03、M04 指令可使主轴正、反转。与同段程序其他指令一起开始执行。M05 指令可使主轴在该程序段其他指令执行完成后停转。

（5）换刀（M06）　它可以配合 T 指令完成自动换刀动作，用于具有自动换刀装置的机床。

（6）程序结束并返回（M30）　在完成程序段的所有指令后，M30 指令使主轴停转、进给停止和切削液关闭，将程序指针返回到第一个程序段并停下来。

三、刀具补偿功能

刀具的补偿功能包括刀具位置补偿和刀尖圆弧半径补偿。

1. 刀具的位置补偿

刀具的位置补偿包括刀具的偏置补偿和刀具的磨损补偿。在数控车床上应用刀具位置补偿功能，其作用一是设定工件坐标系，二是设定刀具的刀位补偿。在学习补偿之前，首先了解刀位点的概念。

（1）刀位点 刀位点是在编制加工程序时用以表示刀具位置特征的点。编程时用该点的运动来描述刀具的运动，运动所形成的轨迹称为编程轨迹。所以，编程的实质就是描述刀具的刀位点在编程坐标系中的运动轨迹。对于数控车床的刀具，由于刀具的结构特点，刀位点的选择比较复杂，常用的各类车刀的刀位点如图1-13所示。对于刀位点的选择要考虑到实际加工中是否便于对刀和测量。

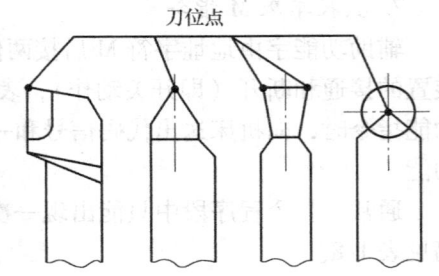

图1-13 车刀刀位点

（2）刀具偏置补偿 数控车床编程轨迹实际上是刀位点的运动轨迹，但实际中不同刀具的几何尺寸、安装位置各不相同，其刀位点相对于刀架中心的位置也是不一致的，其相对于工件原点的位置也就不同，如图1-14所示。因此需要将各刀具刀位点的位置值进行测量设定，以便系统在加工时对刀具偏置值进行补偿。从而在编程时不用考虑刀具的形状和安装位置的差异，使加工程序不随刀位点位置的不同而改变。

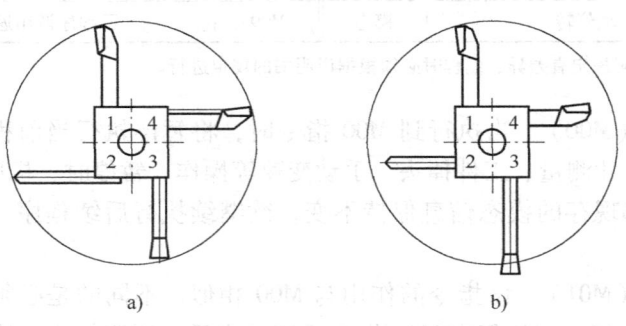

图1-14 理想刀具位置与实际刀具位置
a）理想刀具位置 b）实际刀具位置

（3）刀具磨损补偿 刀具使用一段时间后就会磨损，刀具磨损后的刀位点和磨损前的刀位点就不再是同一个点，这样也会使产品尺寸产生误差，因此需要对其进行补偿。该补偿与刀具偏置补偿存放在同一个寄存器的地址号中。各刀具设定的磨损补偿只对该刀具有效。

（4）刀具位置补偿的指定 刀具的偏置补偿和磨损补偿功能都是由T代码指定，其后的4位数字分别表示选择的刀具号和刀具补偿号。

指令格式：T＿＿　＋＿＿
　　　　　　刀具号　刀具补偿号

刀具补偿号是刀具偏置补偿寄存器的地址号，该寄存器存放刀具的X轴和Z轴偏置补偿值、刀具的 X 轴和 Z 轴磨损补偿值。

数控系统刀具位置补偿功能在加工程序运行中是通过刀具功能（T 功能）自动实现的，如 T0101，表示调用 1 号刀具加工，并执行#0001 补偿寄存器中的刀具补偿量。当加工程序运行到 T 指令时，刀架会移动一个预先设置到系统中的刀具位置补偿量，自动完成刀具位置补偿。

数控系统刀具位置补偿量需要在数控机床运行加工程序之前，用对刀的方法预置到系统的刀具位置偏置寄存器中。

2. 刀尖圆弧半径补偿

（1）刀尖圆弧半径补偿的目的　编制数控车床加工程序时一般是针对刀具上的某一点（即刀位点），按工件轮廓尺寸编制的。车刀的刀位点一般为理想状态下的假想刀尖 P 点或刀尖圆弧圆心 S 点，但实际加工中，为了提高刀具的寿命和降低加工表面的粗糙度，车刀刀尖上都会有一半径不大的圆弧。实际切削时，真正起作用的切削刃是刀尖圆弧上和工件轮廓相切的各切点，加工工件的形状不同，刀尖圆弧上切点的位置就不同，由此会产生一些加工误差。刀尖圆弧半径补偿的目的就是解决刀尖圆弧可能引起的加工误差。

如图 1-15 所示为一刀尖圆弧与理想刀尖点。编程和对刀时使用的刀尖是理想刀尖点 P，由于刀尖圆弧的存在，实际切削点是刀尖圆弧和切削表面的相切点。车削端面时，刀尖圆弧的实际切削点和理想刀尖点 P 的 Z 坐标值相同，车削外圆柱表面和内圆柱孔时，实际切削点与理想刀尖点 P 的 X 坐标值相同。因此，车削端面和内外圆柱表面时不需要对刀尖圆弧半径进行补偿。

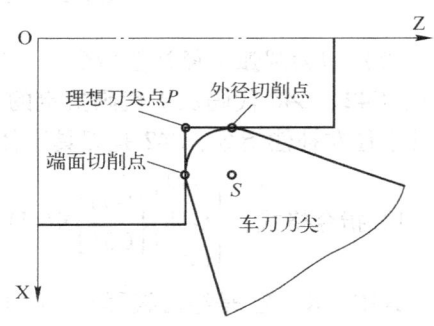

图 1-15　刀尖圆弧与理想刀尖点

当加工锥面或圆弧面时，则实际切削点与理想刀尖点之间在 X、Z 轴方向都存在位置误差，如图 1-16 所示。理想刀尖点 P 编程的进给轨迹为实线 $P_1 \sim P_9$，圆弧刀尖实际切削轨迹为图中虚线所示，有少切或过切现象，造成加工误差。在切削圆锥面时，刀尖实际切削点始终也是一个点，但这个切削点和理想刀尖点不是同一个点，因此切削圆锥面时，刀尖圆弧半径会使被加工表面产生等量的误差，影响圆锥面的尺寸精度，而对其形状和位置精度没有影响。在切削圆弧面时，刀尖实际切削点是一个变化的点，它会使被加工表面的圆弧半径发生变化，并且影响圆弧面的轴向尺寸精度。刀尖圆弧半径 R 越大，加工误差也越大。

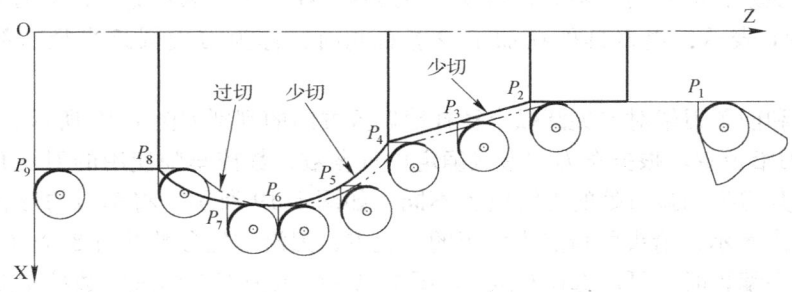

图 1-16　刀尖圆弧半径对加工精度的影响

如图 1-17 所示，采用了刀尖圆弧半径补偿功能，编程时只需按工件的实际轮廓编程，执行刀尖圆弧半径补偿指令后，数控系统则根据刀具参数和刀补指令自动计算出刀尖圆弧中心轨迹，使刀尖圆弧中心 S 始终偏离工件轮廓一个刀尖半径值 R，从而加工出合格的零件。

这种由于刀尖不是一理想点而是一段圆弧造成的加工误差，可用刀尖圆弧半径补偿功能来消除。

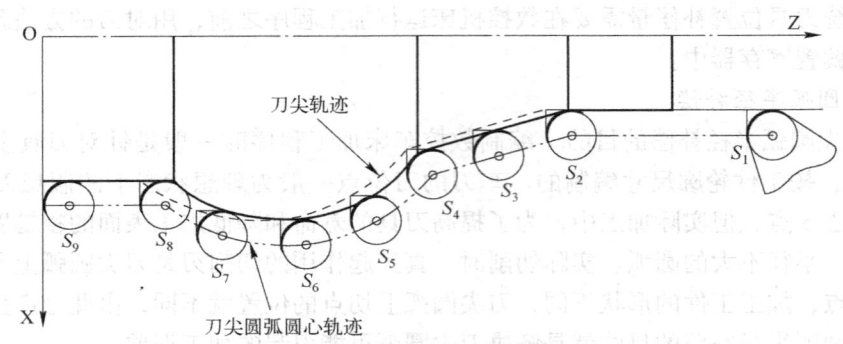

图 1-17　刀尖圆弧半径补偿时的刀具轨迹

（2）刀尖圆弧半径补偿指令　车削加工刀尖圆弧半径补偿分为左补偿和右补偿，通过 G41、G42、G40 代码及 T 代码指定的刀尖圆弧半径补偿号、加入或取消半径补偿。G41 是刀具半径左补偿指令，G42 是刀具半径右补偿指令，G40 是取消刀具半径补偿指令。

1）指令格式：$\begin{Bmatrix} G40 \\ G41 \\ G42 \end{Bmatrix} \begin{Bmatrix} G00 \\ G01 \end{Bmatrix} X(U)\_\ Z(W)\_\ ;$

其中，X_ Z_ 是绝对编程时，G01、G00 运动的终点坐标。

U_ W_ 是增量编程时，G01、G00 运动目标点坐标的增量。

说明：

① G40、G41、G42 都是模态代码，可相互注销。

② G41/G42 不带参数，其补偿号（代表所用刀具对应的刀尖半径补偿值）由 T 代码指定。其刀尖圆弧半径补偿号与刀具偏置补偿号对应。

③ 刀尖圆弧半径补偿的建立与取消只能用 G00 或 G01 指令，不能是 G02 或 G03。刀尖圆弧半径补偿寄存器中，定义了车刀圆弧半径及刀尖的方向号。

2）补偿偏置方向的判别。刀尖圆弧半径补偿偏置方向的判别如图 1-18 所示。由 Y 轴正方向向负向观察，沿刀具的移动方向看，当刀具处在加工轮廓左侧时，称为刀尖圆弧半径左补偿，用 G41 表示；当刀具处在加工轮廓右侧时，称为刀尖圆弧半径右补偿，用 G42 表示。

后置刀架和前置刀架对刀尖圆弧半径补偿偏置方向的判别如图 1-18 所示。

3）刀具刀沿位置。根据车刀的形状确定位置参数，数控车削使用的刀具有很多种，不同类型的车刀其刀尖圆弧所处的刀沿位置不同，如图 1-19 所示。将车刀的形状和位置用刀沿方位参数 T 来表示，箭头所指点为假想的刀尖点，刀沿方位参数共有 8 个（1~8），当使用刀尖圆弧中心编程时，可以选用 0 或 9。图 1-19a 所示为刀架前置的数控车床假想刀沿的位置；图 1-19b 所示为刀架后置的数控车床假想刀沿的位置。

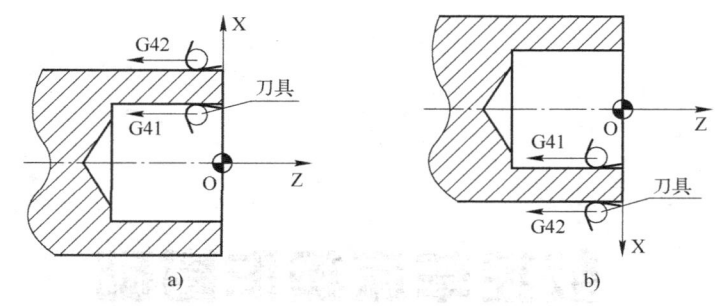

图 1-18 刀尖圆弧半径补偿偏置方向的判别

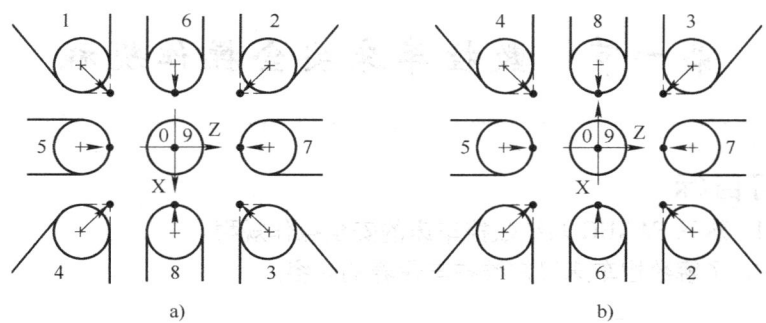

图 1-19 车刀刀尖位置参数的定义
a) 刀架前置 b) 刀架后置

注意：在判别刀尖圆弧半径补偿偏置方向时，一定要从 Y 轴的正方向观察刀具所处的位置，因此要特别注意前置刀架和后置刀架刀补偏置方向的区别。对于前置刀架，为防止判别过程中出错，可在图样上将工件、刀具及 X 轴同时绕 Z 轴旋转 180°后再进行偏置方向的判别，此时 Y 轴朝外，刀补的偏置方向与后置刀架相同。

从刀尖圆弧半径补偿方向判定方法可以得到：数控车床不管是前置刀架还是后置刀架，其外圆表面自右向左进行切削时，刀尖圆弧半径补偿应该使用右补偿指令 G42，其内表面自右向左进行切削时，刀尖圆弧半径补偿应该使用左补偿指令 G41。

第二章 数控车床操作基础

第一节 数控车床安全操作规程

学习目标
1. 熟悉 FANUC 系统数控车床的安全操作规程。
2. 了解数控车床日常维护与保养的内容。

一、数控车床的安全操作规程

1. 文明生产

数控车床是一种自动化程度较高,结构较复杂的先进加工设备,为了充分发挥机床的优越性,提高生产效率,管好、用好、修好数控机床,技术人员的素质及文明生产显得尤为重要。操作人员除了要熟悉数控机床的性能,做到熟练操作以外,还必须养成文明生产的良好工作习惯和严谨的工作作风,具有良好的职业素质、责任心和合作精神。操作时应做到以下几点:

1)严格遵守数控机床的安全操作规程。未经专业培训不得擅自操作机床。
2)严格遵守上下班、交接班制度。
3)做到用好、管好机床,具有较强的工作责任心。
4)保持数控机床周围的环境整洁。
5)操作人员应穿好工作服、工作鞋,不得穿、戴有危险性的服饰品。

2. 安全操作规程

为了正确合理地使用数控机床,减少其故障的发生率,操作人员必须按以下机床操作规程进行操作:

(1)开机前的注意事项

1)操作人员必须熟悉该数控机床的性能、操作方法。经机床管理人员同意方可操作机床。
2)机床通电前,先检查电压、气压、液压是否符合工作要求。
3)检查机床可动部分是否处于可正常工作状态。
4)检查工作台是否越位、超极限。

5）检查电气元件是否牢固，是否有接线脱落。
6）检查机床接地线是否和车间地线可靠连接（初次开机特别重要）。
7）已完成开机前的准备工作后方可合上电源总开关。

（2）开机过程中的注意事项

1）严格按机床说明书中的开机顺序进行操作。
2）一般情况下开机过程中必须先进行回机床参考点操作，建立机床坐标系。
3）开机后让机床空运行 15min 以上，使机床达到热平衡状态。
4）关机后必须等待 5min 以上才可以进行再次开机，没有特殊情况不得随意频繁进行开机或关机操作。

（3）调试过程中的注意事项

1）编辑、修改、调试好程序。若是首件试切必须进行空运行，确保程序正确无误。
2）按工艺要求安装、调试好夹具，并清除各定位面上的铁屑和杂物。
3）按定位要求装夹好工件，确保定位正确可靠。工件在加工过程中不能出现工件松动现象。
4）安装好所要用的刀具，若是车削中心，则必须使刀具在刀库上的刀位号与程序中的刀号严格一致。
5）按工件上的编程原点进行对刀，建立工件坐标系。若用多把刀具，则其余各把刀具分别进行长度补偿或刀尖位置补偿。
6）设置好刀尖圆弧半径补偿。
7）确认切削液输出通畅，流量充足。
8）再次检查所建立的工件坐标系是否正确。
9）以上各点准备好后方可加工工件。

（4）加工过程中的注意事项

1）加工过程中，不得调整刀具和测量工件尺寸。
2）自动加工时，操作者应自始至终监视运转状态，严禁离开机床，遇到问题及时解决，防止发生事故。
3）定时对工件进行检验，确定刀具是否磨损等情况。

（5）关机时的注意事项

1）关机或交接班时要对加工情况、重要数据等做好记录。
2）机床各轴在关机时远离其参考点，或停在中间位置，以使工作台重心稳定。
3）清扫机床，必要时涂防锈油。

二、数控车床的日常维护与保养

数控车床使用寿命的长短和故障发生率的高低，不仅取决于车床本身的精度和性能，而且在很大程度上也取决于操作者是否能对它进行正确的使用和维护。正确使用车床能防止设备非正常的磨损，避免突发故障的产生；精心维护车床可以使其处于良好的运行状态，延缓其劣化进程，及时发现和消除故障隐患。因此，数控车床的正确使用与精心维护是贯彻设备管理始终的重要工作。

为了正确合理地使用和操作数控车床，保证数控车床的正常运行，操作者必须仔细阅读数控车床的操作和使用说明书，熟悉数控车床的操作规程。在操作数控车床时，除严格遵守普通车床的安全操作规程外，还应对数控车床这种机电一体化设备倍加注意。数控车床的维护保养要做到"定时、定期"，贵在坚持。应该责任到人，定岗位、定制度，日常检查和生产检查双管齐下，保障数控车床的正常运转。数控车床保养内容见表2-1。

表2-1 数控车床保养内容

序号	检查周期	检查部位	检查要求
1	每天	导轨润滑油箱	检查油量，及时添加润滑油，润滑油泵是否定时起动打油及停止
2	每天	主轴润滑恒温油箱	工作是否正常，油量是否充足，温度范围是否合适
3	每天	机床液压系统	油箱泵有无异常噪声，工作油面高度是否合适，压力表指示是否正常，管路及各接头有无泄漏
4	每天	压缩空气气源压力	气动控制系统压力是否在正常范围之内
5	每天	X、Z轴导轨面	清除切屑和脏物，检查导轨面有无划伤损坏，润滑油是否充足
6	每天	各防护装置	机床防护罩是否齐全有效
7	每天	电气柜各散热通风装置	各电气柜中冷却风扇是否工作正常，风道过滤网有无堵塞，及时清洗过滤器
8	每周	各电气柜过滤网	清洗黏附的尘土
9	不定期	切削液箱	随时检查液面高度，及时添加切削液，太脏应及时更换
10	不定期	排屑器	经常清理切屑，检查有无卡住现象
11	半年	检查主轴驱动传动带	按说明书要求调整传动带松紧程度
12	半年	各轴导轨上镶条，压紧滚轮	按说明书要求调整松紧状态
13	一年	检查和更换电动机电刷	检查换向器表面，除去毛刺，吹净碳粉，磨损过多的电刷及时更换
14	一年	液压油路	清洗溢流阀、减压阀、过滤器、油箱，要更换过滤液压油
15	一年	主轴润滑恒温油箱	清洗过滤器、油箱，更换润滑油
16	一年	切削液泵过滤器	清洗切削液池，更换过滤器
17	一年	滚珠丝杠	清洗丝杠上旧的润滑脂，涂上新油脂

三、数控车床的主要技术参数

CAK系列数控车床采用多种世界知名品牌的数控系统作为控制器，该系列车床可进行多次重复循环加工，特别适合于汽车、石油机械、军工等多种行业的机械加工，主要用于轴类、盘类的半精加工和精加工，可以加工内、外圆柱表面，锥面，车削螺纹，车孔，铰孔以及各种曲线回转体。该系列数控车床采用模块化设计，可根据用户的不同需求，配备不同的装置及附件，如图2-1所示。

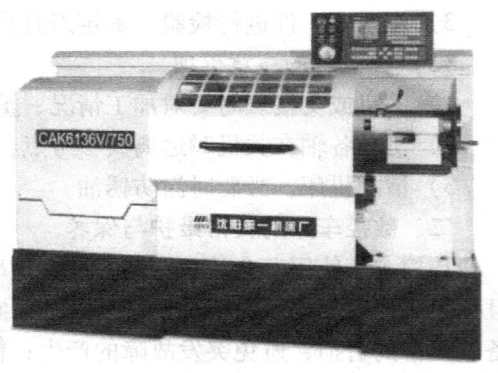

图2-1 CAK6136V型数控车床

1. 机床结构特点

1）X、Z轴全数字交流伺服闭环控制。

2）主轴可实现无级调速与恒速切削。

3）中文液晶显示及图形轨迹显示。
2. CAK6136V 型数控车床的主要技术参数（见表 2-2）

表 2-2　CAK6136V 型数控车床的主要技术参数

项　　目	参　数　值
床身上最大回转直径	ϕ360mm
滑板上最大回转直径	ϕ180mm
滑板上最大切削直径	ϕ180mm
最大加工长度	650mm
主轴通孔直径	ϕ53mm
主轴头形式	A2-6
主电机功率（变频）	5.5kW
主轴转速	200~3000r/min
尾架套筒直径	ϕ55mm
尾架套筒行程	140mm
尾架套筒锥孔	莫氏 4 号
X 轴最大行程	220mm
Z 轴最大行程	660mm
快移速度	3.8m/min（X 轴）、7.6m/min（Z 轴）
刀架刀位数	4
刀具安装尺寸	20mm×20mm
X/Z 轴重复定位精度	0.007mm/0.01mm
加工精度	IT6~IT7
机床外形尺寸（长×宽×高）	2160mm×1230mm×1609mm
机床净重/毛重	2030kg/3170kg
包装箱尺寸（长×宽×高）	2500mm×1640mm×2145mm

第二节　FANUC 系统操作面板

学习目标

1. 掌握 FANUC Series 0i Mate-TC 数控系统操作面板上各功能按键的含义及用途。
2. 掌握数控车床机床控制面板上各功能按键的含义及用途。

1. CAK6136V 型数控车床 CRT/MDI 操作面板

CRT/MDI 操作面板与系统有关，不同的数控系统其面板也不同。图 2-2 所示为 FANUC Series 0i Mate-TC 系统 CRT/MDI 操作面板。

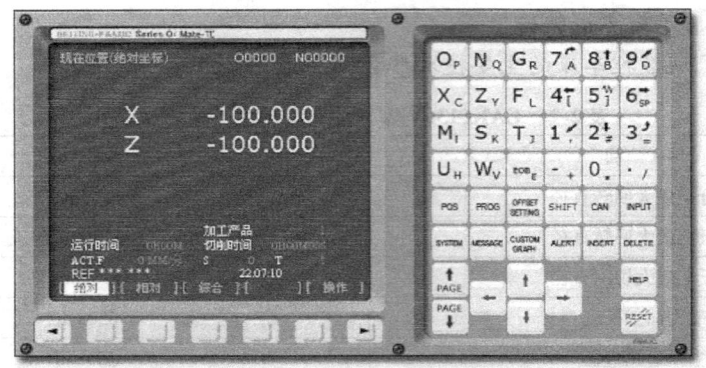

图 2-2　FANUC Series 0i Mate-TC 系统 CRT/MDI 操作面板

2. 数控系统控制面板按键及功能介绍

（1）MDI 键盘部分按键功能（表 2-3）

表 2-3　MDI 键盘部分按键功能表

名　称	功能键图	按 键 功 能
位置显示	POS	用于显示刀具的坐标位置，位置显示有三种方式
程序显示	PROG	在编辑方式下，编辑和显示内存中的程序；在 MDI 方式下，输入和显示 MDI 数据
刀具设定	OFFSET/SETTING	用于设定并显示刀具补偿值、工件坐标系、宏程序变量
系统参数	SYSTEM	用于参数的设定、显示、自诊断功能，数据的显示等
报警信号	MESSAGE	用于显示 NC 报警信号信息、报警记录等
图形显示	CUSTOM/GRAPH	用于显示刀具轨迹等图形
帮助	HELP	帮助功能键
复位	RESET	用于使所有操作停止，返回初始状态
替换	ALTER	用于程序编辑过程中程序字替代
删除	DELETE	用于删除光标所在的数据；及删除一个程序段或删除整个程序

（续）

名　称	功能键图	按键功能
插入	INSERT	用于程序编辑过程中程序字的插入
字符取消	CAN	用于取消最后一个输入的字符或符号
回撤换行	EOB E	用于结束一行程序的输入并且换行
上挡	SHIFT	用于输入上挡功能键
向前翻页	PAGE ↑	用于向程序开始的方向翻页
向后翻页	PAGE ↓	用于向程序结束的方向翻页
输入	INPUT	用于输入数据参数页面或者输入一个外部的数控程序
光标移动	↑ ↓ ← →	用于光标的上、下、左、右移动
软键		根据不同的画面，软键有不同的功能。软件功能显示在屏幕的底端
菜单键		用于菜单的继续和返回功能
数字/字母键	O_P N_Q G_R 7 8 9 X_C Y_Z F_L 4 5 6 M_I S_K T_J 1 2 3 U_H W_V EOB - 0 .	数字/字母键用于输入数据到输入区域，系统自动判别取字母还是取数字

（2）CAK6136V 型数控车床操作面板　机床操作面板是机床制造厂家确定的，机床的类型不同，其开关和按钮的数量、功能及排列顺序有一定的差异。国产机床的操作按钮多用中文标示，进口机床多用英文标示，还有一些数控机床用标准图标标示。图 2-3 所示为 CAK6136V 型数控车床的操作面板。

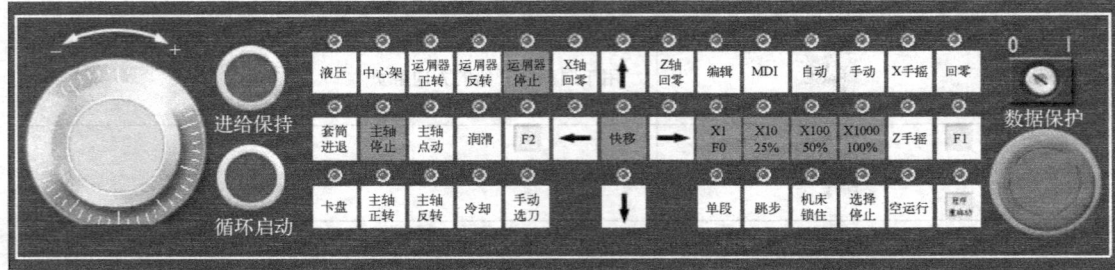

图 2-3 CAK6136V 型数控车床的操作面板

操作面板上部分按键的功能见表 2-4。

表 2-4 机床操作面板部分按键功能表

名称	按键功能
编辑	可以进行数控程序的输入与编辑
MDI	MDI 手动数据输入,可操作系统面板并设置必要的参数
自动	可以按【循环启动】键,完成程序的自动运行
手动	可以进行手动连续进给或步进进给
X/Z 手摇	可以通过操作手轮,在 X、Z 两个方向进行精确的移动。对刀时常用
快移	刀具快速移动
回零	可以使机床返回参考点
跳步	需跳过带有"/"(斜线号)的程序段时按下此按钮。置接通状态时,对于在"/"号后标有番号的选择程序段跳跃无效
单段	按下该按键,程序执行一个程序段后,机床将暂停。等待用户按【循环启动】按钮之后,执行下一个程序段。一般是在调试程序时使用该功能
空运行	按下该按钮,程序执行时,将忽略程序中设定的 F 值。常用于程序加工前的校验
机床锁住	按下该按钮,断开进给控制信号。多用于程序的调试或教学演示

(续)

名称	按键功能
选择停止	按下此按钮，程序执行 M01 指令时，程序将暂停，等待用户按【循环启动】按钮之后，继续执行
主轴停止/正转/反转/点动	此前需用 MDI 指定执行主轴转速和旋向，否则按当前模态运转主轴；若从未指定主轴转速和转向，则主轴将不能运转
手动选刀	刀号的选择
冷却	切削液开关按钮
X 轴回零/Z 轴回零	X 轴/Z 轴回零点时到达零点位置，指示灯会亮起
润滑	机床自动润滑按钮
程序重启动	程序中断后，按此按钮重新启动
F1/F2	备用按钮
×1 – F0/ ×10 – 25%/ ×100 – 50%/ ×1000 – 100%	快移进给速度

系统电源按钮，按下此按钮，接通 CNC 的电源。

系统电源按钮，按下此按钮，断开 CNC 的电源。

主轴转速调节旋钮，调节范围 50% ~ 120%。

选择自动运行和手动运行时进给速度的倍率。

按下此按钮，程序执行暂停，如果要继续执行程序，则按下【循环启动】按钮，如果不继续执行程序，需要按下【RESET】按钮。

按下此按钮自动运转启动并执行程序。在自动运转中自动运转指示灯亮。

保护程序不被删改。

手摇脉冲发生器，也叫手轮。摇动手摇脉冲发生器，可控制机床相应坐标轴的移动。

按下此旋钮，使机床紧急停止，断开机床主电源。主要应付突发事件，防止撞刀事故发生。解除时需要旋转此按钮，系统将重新复位。

第三节　数控车床基本操作方法

> **学习目标**
> 1. 掌握数控车床回参考点的方法、手动操作的方法、MDI 方式的运行方法。
> 2. 掌握数控程序手动输入与编辑的方法。
> 3. 能够灵活应用显示方式来观察运行情况。

一、回机床参考点

1. 开机与关机

（1）开机

1）首先检查机床的初始状态，以及控制柜的前、后门是否关好。

2）机床电源开关一般位于机床的侧面或背面，在使用时，必须先将主电源开关置于"ON"挡。

3）确定电源接通后，按下机床操作面板上绿色【系统启动】按钮，系统自检后 CRT 操作面板上出现位置显示画面。注意：在出现位置显示画面和报警画面之前，请不要接触 CRT/MDI 操作面板上的按钮，以防引起意外。

（2）关机

1）确认机床的运动全部停止后，按下机床操作面板上红色的【系统关闭】按钮，CNC 系统电源被切断。

2）将主电源开关置于"OFF"挡，切断机床的电源。

2. 手动返回参考点

数控车床在自动方式和 MDI 方式下正确运行的前提是建立机床坐标系，为此，当数控系统接通电源、复位后，首先应进行车床各轴手动回参考点操作。

1）按下机床操作面板上的【回零】按钮。

2）分别使各轴向参考点方向手动进给，先按 +X【↓】按钮再按 +Z【→】按钮，当机床面板上的【X 轴回零】和【Z 轴回零】的指示灯亮了，表示已回到参考点。

注意：系统通电后，必须回参考点，如操作过程中发生意外而按下急停按钮后再次起动，则必须重新回一次参考点；为了保证安全，防止刀架与尾座相撞，在回参考点时应首先将 X 轴回零，然后再将 Z 轴回零。

二、手动进给操作

1. 坐标轴的移动

（1）手动连续进给操作

1）按下机床操作面板上的【手动】按钮。

2）选择移动轴，按 X 轴【↓】、【↑】按钮或 Z 轴【←】、【→】按钮，所选择的轴在相应方向上移动。

3) 同时按下【快移】按钮,各轴可快速移动。

注意:手动只能单轴运动。把方式选择开关置为【手动】位置后,先前选择的轴并不移动,需要重新选择移动轴。

(2) 手动增量进给操作

1) 按下机床操作面板上的【手动】按钮。

2) 选择移动轴,按 X 轴【↓】、【↑】按钮或 Z 轴【←】、【→】按钮所选择的轴在相应方向上进行增量移动。

(3) 手轮进给操作

1) 按下机床操作面板上的【X 手摇】或【Z 手摇】按钮。

2) 转动手摇脉冲发生器,实现手轮进给。

注意:进行手动连续进给、增量进给或手轮进给操作时,按下【×1—F0】、【×10—25%】、【×100—50%】、【×1000—100%】按钮,可选择不同的进给速度,其中【×1—F0】移动单位为 0.001mm,【×10—25%】移动单位为 0.01mm,【×100—50%】移动单位为 0.1mm,【×1000—100%】移动单位为 1mm。

2. 主轴手动操作

1) 按下机床操作面板上的【手动】按钮。

2) 按下【主轴正转】按钮或【主轴反转】按钮,可使机床主轴正、反转,按下【主轴停止】按钮,可使机床主轴正、反转暂停。

3) 按下【主轴点动】按钮,将使机床主轴旋转,松开后,主轴则停止旋转。

4) 在主轴旋转过程中,可以通过【主轴倍率修调】旋钮对主轴转速实现无级调速度。【主轴倍率修调】挡位为 50%~120%,在加工程序执行过程中,也可对程序中指定的转速进行调节。

注意:开机后,主轴的旋转必须在【MDI】方式下起动。

3. 选刀操作

1) 按下机床操作面板上的【手动】按钮。

2) 按下【手动选刀】按钮,根据刀架上的刀位数字,可选择不同刀位号。

三、MDI 操作方式

1) 按下机床操作面板上的【MDI】按钮。

2) 按下数控系统操作面板上的【PROG】按钮,进入【MDI】输入窗口,如图 2-4 所示。

3) 先按【EOB】,再按【INSERT】确定。

4) 在数据输入行输入一个程序段"S500 M03",按【EOB】,再按【INSERT】确定。

5) 按【循环启动】按钮,执行输入的程序段。

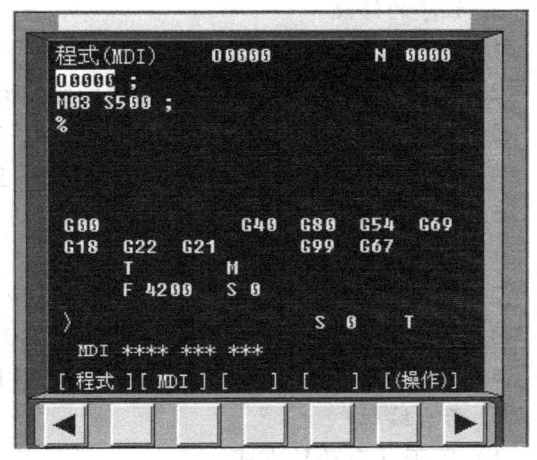

图 2-4 MDI 输入窗口

四、程序的编辑操作方式

按下机床操作面板上的【编辑】按钮。
在数控系统操作面板上,按【PROG】键,CRT 上将出现编程界面,系统处于程序编辑状态,按程序编制格式进行程序的输入和修改,然后将程序保存在系统中。也可以通过操作系统软键,对程序进行程序选择、程序拷贝、程序改名、程序删除、通信、取消等操作。

1. 程序的输入

1)置于【编辑】方式。

2)按【PROG】键,进入 FANUC 0i Mate-TC 系统数字及符号输入界面,如图 2-5 所示。

3)键入地址 O 及要存储的程序号(四位数字),输入的程序名不可以与已有的程序名重复。

4)先按【EOB】键,再按【INSERT】键,可以存储程序号,然后在每个字的后面键入程序,按【EOB】键,用【INSERT】存储。

图 2-5 FANUC 0i Mate-TC 系统数字及符号输入

2. 程序的检索

1)置于【编辑】方式。

2)按【PROG】键,键入地址和要检索的程序号。

3)按【NO 检索】键,检索结束时,在 CRT 画面的右上方显示已检索的程序号。

3. 程序的检查

1)置于【编辑】方式。

2)按【PROG】键,键入地址。

3)按【PAGE↑】键与【PAGE↓】键,或者使用光标移动键来检查程序。

4. 程序的修改

1)置于【编辑】方式。

2)按【PROG】键,键入地址选择要编辑的程序。

3)按【PAGE↑】键与【PAGE↓】键,或者使用光标移动键来检查程序。

4)光标移动到要变更的字,进行【CAN】、【ALTER】、【DELETE】、【SHIFT】等操作。

5. 程序的删除

1)置于【编辑】方式。

2)按【PROG】键,键入地址"O××××",选择要删除的程序。

3)按【DELETE】键,"O××××"NC 程序被删除。

4)删除全部程序,输入"O-9999"按【DELETE】键,全部程序删除。

6. 后台编辑

1)置于【自动】方式。

2)按【PROG】键,按【BG-EDIT】键,进入后台编辑功能界面,可进行程序的编辑。

五、数据的显示与设定

1. 偏置量设置

1）按【$\mathrm{^{OFFSET/}_{SETTING}}$】主功能键，FANUC 0i Mate-TC 数据显示与设定窗口如图 2-6 所示。

2）按【补正】、【SETTING】、【坐标系】、【操作】对应的软键，显示所需要的页面。

3）使光标移向需要变更的偏置号位置。

4）用数据输入键输入补偿量。

5）按【INPUT】键，确认并显示补偿值。

2. 参数设置

1）按【SYSTEM】键和【PAGE】键与菜单扩展键显示设置参数画面（也可以通过软键【参数】显示）。

2）将光标移至要设定参数位置，键入设定的数值，按【INPUT】键。在设定数值前，必须将【$\mathrm{^{OFFSET/}_{SETTING}}$】主功能下的【SETTING】参数写入置于"1"的挡位后，才能修改参数。

3. 信息数据的显示

按【MESSAGE】键和菜单扩展【＞】键显示报警画面、报警履历和外部信息等数据信息。

4. 位置显示

按下【POS】软键到位置显示页面，位置显示有三种方式，FANUC 0i Mate-TC 系统当前坐标位置显示界面如图 2-7 所示。

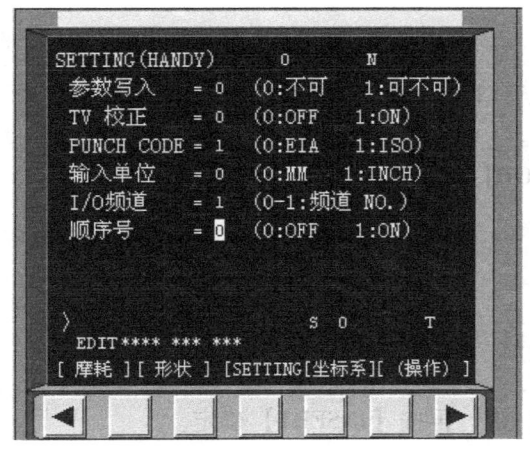

图 2-6　FANUC 0i Mate-TC 数据显示与设定窗口

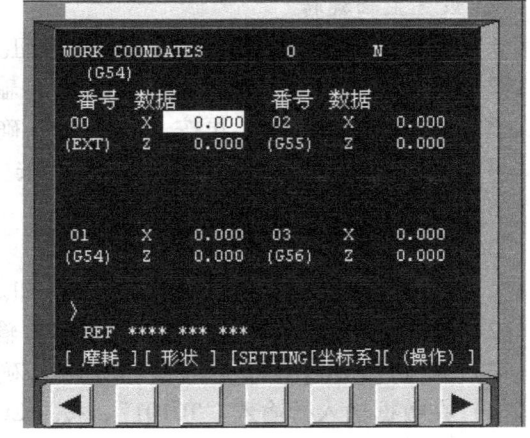

图 2-7　FANUC 0i Mate-TC 系统当前坐标位置显示界面

绝对坐标系：显示刀位点在当前零件坐标系中的位置。

相对坐标系：显示操作者预先设定为零的相对位置。

综合显示：同时显示当时刀位点在坐标系中的位置。

第四节 数控车床切削加工

> **学习目标**
> 1. 巩固数控车床基本操作技能。
> 2. 掌握对刀操作技能。
> 3. 掌握机床操作的步骤。

一、对刀操作

对刀就是在机床上设置刀具偏移值或设定工件坐标系的过程。

1. 工件的装夹与刀具的装夹

（1）工件的装夹　装夹棒料工件时应使用自定心卡盘夹紧工件棒料，并有一定的夹持长度，棒料的伸出长度应考虑到零件的加工长度及必要的限位安全距离等。棒料中心线尽可能与主轴中心线重合。如装夹外圆已经精车的工件，必须在工件外圆上包一层铜皮，以防止损伤外圆表面。

（2）刀具的装夹　刀具的装夹与在卧式车床上装夹一样，但注意以下几点：
1）车刀不能伸出太长。
2）刀尖应与主轴中心线等高。
3）装夹螺纹车刀时，应用螺纹样板进行装夹。
4）切槽刀要装正，以保证两副偏角对称。

2. 设置主轴旋转

1）按下机床操作面板上的【MDI】按钮。
2）按下【PROG】按钮，进入【MDI】输入窗口。
3）先按【EOB】键，再按【INSERT】确定。
4）在数据输入行输入"M03 S450"，按【EOB】键，再按【INSERT】键确定。
5）按【循环启动】按钮，主轴正转。

3. 选择刀具，确定刀位

1）按下机床操作面板上的【MDI】按钮。
2）按下【PROG】按钮，进入【MDI】输入窗口。
3）先按【EOB】键，再按【INSERT】确定。
4）在数据输入行输入"T0101"，按【EOB】键，再按【INSERT】确定。
5）按【循环启动】按钮，开始换刀。

4. 设置 X 轴方向的刀具偏移值

1）起动主轴正转，按下机床操作面板上的【手动】按钮，移动刀架使其靠近工件。
2）切换【Z 手轮】按钮，沿着 Z 轴的负方向进给，试切工件的外圆，保证量具能测量外圆表面直径即可，车削不宜过长，如图 2-8 所示的 B 面。
3）车削后，沿着 Z 轴的正方向退刀，不能移动 X 轴。

4)按【主轴停止】按钮,测量已车削外圆的直径 d,将它记录下来。

5)按【$\genfrac{}{}{0pt}{}{\text{OFFSET}}{\text{SETTING}}$】主功能键,进入参数设定页面;先按【补正】对应的软键,再按下【形状】对应的软键,出现刀具补正界面,如图 2-9 所示。

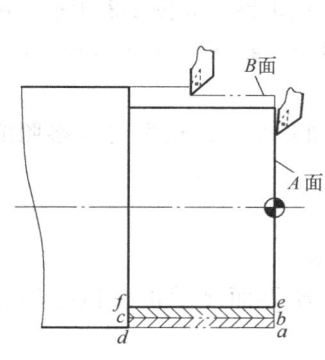

图 2-8 试切对刀法

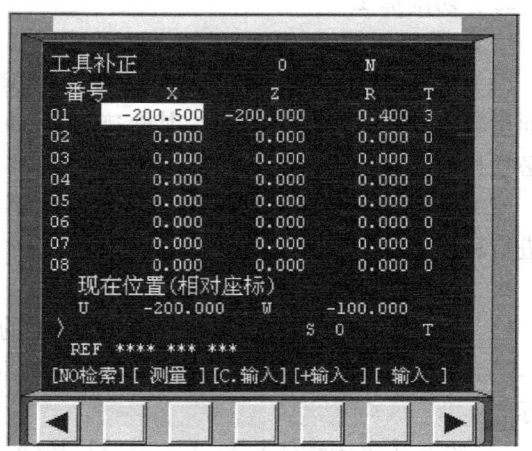

图 2-9 FANUC 0i Mate-TC 系统刀具补正界面

6)将光标移至要补偿的番号,G001→T01、G002→T02、G003→T03、G004→T04,以此类推;输入测量的外圆直径:"X(d)",按【测量】对应的软键,X 向的刀具偏移值自动存入,即完成 X 轴方向的对刀。

5. 设置 Z 轴方向的刀具偏移值

1)起动主轴正转,按下机床操作面板上【手动】按钮,移动刀架使其靠近工件。

2)切换【X 手摇】按钮,沿着 X 轴的负方向进给,试切工件的端面,如图 2-8 所示的 A 面。

3)车削后,沿着 X 轴的正方向退刀,不能移动 Z 轴。

4)按【主轴停止】按钮,按【$\genfrac{}{}{0pt}{}{\text{OFFSET}}{\text{SETTING}}$】主功能键,进入参数设定页面;先按【补正】对应的软键,再按下【形状】对应的软键,出现刀具补正界面,如图 2-9 所示。

5)将光标移至要补偿的番号,输入"Z0",按【测量】对应的软键,Z 向的刀具偏移值自动存入,即完成 Z 轴方向的对刀。

6. 设置刀尖圆弧半径补偿参数

刀尖圆弧半径值与刀沿号同样在图 2-9 所示的界面中进行设定。

1)将光标移至与刀具号相对应的刀具半径参数 R,输入刀具半径值"0.400",按【INPUT】键。

2)将光标移至与刀具号相对应的刀沿号参数 T,输入刀沿位置号"3",按【INPUT】键。

7. 对刀正确性校验

对完各刀具后,各刀具刀位点可通过 MDI 方式进行校验。

1) 按下机床操作面板上的【MDI】按钮。
2) 按下【PROG】按钮，进入【MDI】输入窗口。
3) 输入 "T0101 G00 X0 Z50 ;" 按【INSERT】键确认。
4) 按【循环启动】按钮执行，即可检查刀具的当前位置是否正确。

二、切削加工

1. 加工程序

（1）程序编辑　编辑程序前先确定刀具切削轨迹及各基点坐标，如图2-8所示，由于总切削量较大，所以分两层切削，其轨迹为 $a \to b \to c \to d \to a$ 和 $a \to e \to f \to d \to a$ 两层。编程时，也必须按照切削轨迹进行编辑程序。

（2）程序输入　程序输入的方法在本章第三节已经详细介绍了，这里可以参照前述内容进行程序的输入。

2. 加工程序检查

1) 选择加工程序，按下机床操作面板上的【自动】按钮。
2) 按下【PROG】按钮，按下【检视】对应的软键，使界面显示正在执行的程序及坐标。
3) 按下【机床锁住】和【空运行】按钮，机床停止移动，但位置坐标的显示和机床移动时一样。此外，M、S、T 功能也可以执行，此开关用于程序的检测。
4) 按【循环启动】按钮，程序自动运行。

3. 加工程序图形模拟

该功能主要用于查看刀具的加工轨迹，验证进给路线的合理性。其操作步骤如下：
1) 按主功能【$\genfrac{}{}{0pt}{}{\text{CUSTOM}}{\text{GRAPH}}$】键。
2) 按【图形】软键，使画面显示图形界面。
3) 按操作面板上的【循环启动】按钮执行，观察加工图形。

4. 单段功能

若按下【单段】按钮，则执行一个程序段后，机床停止。
1) 使用指令 G28、G29、G30 时，即使在中间点，也能进行单程序段停止。
2) 固定循环的单程序段停止时，【进给保持】灯亮。
3) M98 P××××；M99；的程序段不能单程序段停止。但是，M98、M99 的程序中有O、N、P 以外的地址时，可以单程序段停止。

5. 进给速度倍率

用进给速度倍率开关选择程序指定的进给速度百分数，以改变进给速度（倍率），按照刻度可实现 0～120% 的倍率修调。

6. 自动加工

1) 自动运行前必须正确安装工件及相应刀具，编辑好程序并进行对刀操作。
2) 按下机床操作面板上【自动】按钮。
3) 按下【PROG】按钮，按下【检视】对应的软键，使界面显示正在执行的程序及坐标。
4) 按【循环启动】按钮，开始自动运行，循环启动指示灯点亮。

5）自动运转执行。开始自动运转功能后，系统会按以下方式执行程序：
① 从被指定的程序中，读取一个程序段的指令。
② 解释已读取的程序段指令。
③ 开始执行指令。
④ 读取下一个程序段的指令。
⑤ 读取下一个程序段的指令，变为立刻执行的状态。该过程也称为缓冲。
⑥ 前一程序段执行结束，因被缓冲了，所以要立刻执行下一个程序段。
⑦ 重复执行④、⑤，直到自动执行结束。

7. 自动运转停止

停止自动运转的方法有两种：预先在程序中想要停止的地方输入停止指令；按操作面板上的按钮使其停止。

1）程序停止（M00）。执行 M00 指令之后，自动运转将停止。与单程序段停止相同，到此为止的模态信息全部被保存，按【循环启动】键，可使其再开始自动运转。

2）任选停止（M01）。与 M00 相同，执行含有 M01 指令的程序段之后，自动运转将停止，但仅限于机床操作面板上的【选择停】开关接通时有效。

3）程序结束（M02、M30）。自动运转停止，呈复位状态。

4）进给保持。在程序运转中，按机床操作面板上的【进给保持】按钮，可使自动运转暂时停止。

5）复位。CRT/MDI 的复位按钮、外部复位信号可使自动运转停止，呈复位状态。若在移动中复位，机床减速后将停止。

8. 机床的急停操作

机床在手动或自动运行中，一旦发现异常情况，应立即停止机床的运动。使用【急停】旋钮或【进给保持】按钮中的任意一个均可使机床停止。

1）使用【急停】旋钮。如果在机床运行时按下【急停】旋钮，机床进给运动和主轴运动会立即停止工作。待排除故障，要重新执行程序，恢复机床的工作时，可顺时针旋转该旋钮，按下机床复位按钮后，再进行手动返回机床参考点的操作。

2）使用【进给保持】按钮。如果在机床运行时按下【进给保持】按钮，则机床处于保持状态。待急停解除之后，按下【循环启动】按钮可恢复机床运行状态，无需进行返回参考点的操作。

第三章 数控车削编程加工基础

第一节 台阶轴的编程及加工

学习目标

1. 了解数控车削加工路线的确定原则，合理确定轮廓粗、精加工路线。
2. 熟悉轮廓基点的相关知识，准确计算出轮廓基点坐标。
3. 掌握 G00 指令与 G01 指令的格式、功能及使用方法。
4. 能够根据加工要求完成台阶轴零件的编程与加工。

一、数控车削加工路线

1. 加工路线的确定原则

在数控加工中，刀具刀位点相对于工件运动的轨迹称为加工路线，也就是刀具从对刀点开始运动起，直至加工结束所经过的路径，包括切削加工的路径及刀具引入、返回等非切削空行程。编程时，加工路线的确定原则主要有以下几点：

1）加工路线的确定首先必须保证被加工零件的精度及表面粗糙度。
2）其次考虑数值计算简便，以减少编程工作量。
3）应使加工路线最短、效率最高。
4）加工路线还应根据工件的加工余量和机床、刀具的刚度等具体情况确定。

考虑到数控车削的特点，工件最后轮廓是由精加工进给路线连续加工而成，所以确定加工路线的重点主要在于确定粗加工及空行程的路线。

2. 起刀点与换刀点的选择

数控车削加工中，起刀点一般作为切削加工程序运行的起点。考虑到进刀的安全性，并尽可能减少切削进给时的空行程，起刀点一般选择在径向等于或略大于工件毛坯直径，轴向距工件端面 1~2mm 的位置上。

换刀点是指刀架转位换刀时的位置。在数控车床上该点的位置不是固定的。实际加工中要考虑到换刀时刀具与工件、夹具及机床尾座等不发生干涉，其设定值一般根据刀具在刀架上的悬伸量确定，在保证换刀安全的前提下尽量靠近工件。初学时，加工较小工件可在工件坐标系中按（X100.0，Z100.0）取值。起刀点与换刀点的选择如图3-1所示。

3. 台阶轴车削加工方法

台阶轴的精加工按照由近至远的原则，从右到左沿轮廓进行。台阶轴的粗加工可有分段粗车和分层粗车两种方法。其中分段粗车也应遵循先近后远的原则进行粗加工，分段粗车加工路线较长，但先近后远车削有利于保持工件的刚度，改善切削条件。分层粗车是先远后近进行粗加工，进给次数少，程序较少，加工路线较短，但车削细轴类零件刚性较差。台阶轴加工路线如图3-2所示。

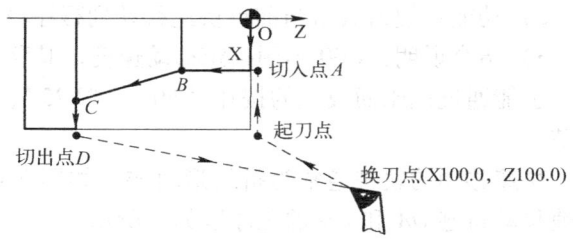

图3-1　起刀点与换刀点的选择

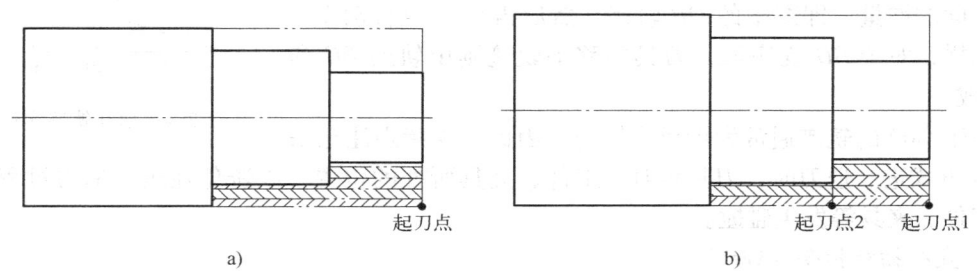

图3-2　台阶轴加工路线
a）分层粗车　b）分段粗车

二、基点坐标点确定

数值计算是手工编程的重要一环，其中选择编程原点，是对零件图样各基点进行正确数学计算的重要工作。

1. 基点的概念

构成零件轮廓的不同几何要素的交点或切点称为基点，它可以直接作为刀位点运动轨迹的起点和终点。如图3-3所示的A、B、C、D、E、F、G和H各点都是该零件轮廓上的基点。

2. 基点计算

基点的计算方法很多，一些基点可以根据零件图的尺寸标注直接获得或通过简单换算获得，如图3-3中的A、B、C、D、E、H、G点。还有一

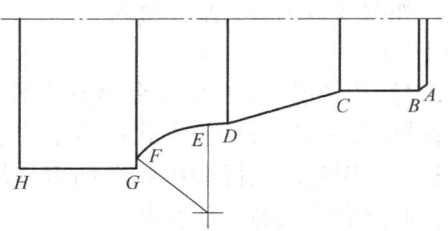

图3-3　零件轮廓上的基点

些基点需要用代数或几何的方法进行计算，如图3-3中的F点。而对于较复杂轮廓的基点坐标则一般借助辅助绘图软件（如CAXA电子图板、AutoCAD等）绘图后，用查询点坐标的方式获得。

三、编程指令

1. 快速点定位指令（G00）

1）指令格式：

G00 X(U)__ Z(W)__；

其中，X、Z为绝对编程时终点的坐标值；U、W为增量编程时，终点相对于起点的距离。

2）功能：使刀具从当前点快速移动到程序段中的指定位置；

3）指令说明：G00不用指定移动速度，其移动速度由机床系统参数设定。在实际操作时，也能通过机床面板上的按钮"F0"、"F25"、"F50"和"F100"对G00移动速度进行调节。

快速移动的轨迹通常为折线形轨迹，如图3-4所示，图中快速移动轨迹 OA 和 BD 的程序段如下所示：

OA：G00 X20.0 Z30.0；
BD：G00 X60.0 Z0；

对于 OA 程序段，刀具在移动过程中先在 X 轴和 Y 轴方向移动相同的增量，即图中的 OB 轨迹，然后再从 B 点移动至 A 点。同样，对于 BD 程序段，刀具的移动轨迹则由轨迹 BC 和 CD 组成。

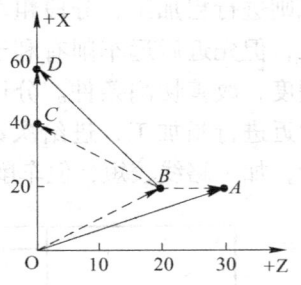

图3-4　G00轨迹实例

由于G00的轨迹通常为折线形轨迹。因此，要特别注意采用G00方式进、退刀时，刀具相对于工件、夹具所处的位置，以避免在进、退刀过程中刀具与工件、夹具等发生碰撞。

2. 直线插补指令（G01）

1）指令格式：

G01 X(U)__ Z(W)__ F__；

其中，X、Z为绝对编程时，所要终点的坐标值；U、W为增量编程时，终点相对于起点的距离。F为直线插补时的进给速度。

2）功能：刀具以指定的进给速度移动到程序中的指定位置。

如图3-5中切削运动轨迹 CD 的程序段为：G01 X40.0 Z0 F0.1；

3）指令说明：G01指令是直线运动指令，它命令刀具在两坐标轴间以插补联动的方式按指定的进给速度作任意斜率的直线运动。因此，执行G01指令的刀具轨迹是直线形轨迹，它是连接起点和终点的一条直线。

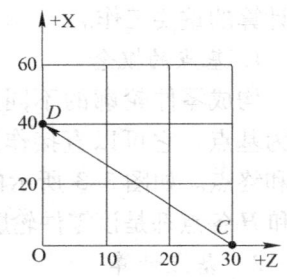

图3-5　G01轨迹实例

在G01程序段中必须含有F指令。如果在G01程序段中没有F指令，而在G01程序段前也没有指定F指令，则机床不运动，有的系统还会出现系统报警。

3. G01倒角、倒圆编程

1）指令格式：

G01 X(U)__ Z(W)__C__；（直线倒角）

G01 X(U)__ Z(W)__ R__　；（圆弧倒角）

2）G01倒角、倒圆功能：G01倒角控制机能可以在两相邻轨迹的程序段之间插入直线倒角或圆弧倒角。

3）指令说明：X、Z 值：在绝对编程时，是两相邻直线的交点，即假想拐角交点 G 的坐标值；U、W 值：在增量编程时，是假想拐角交点相对于起始直线轨迹的起点 E 的移动距离，如图 3-6 所示。

C 是假想拐角交点（G 点）相对于倒角起点（F 点）的距离；R 是倒角圆弧的半径值。

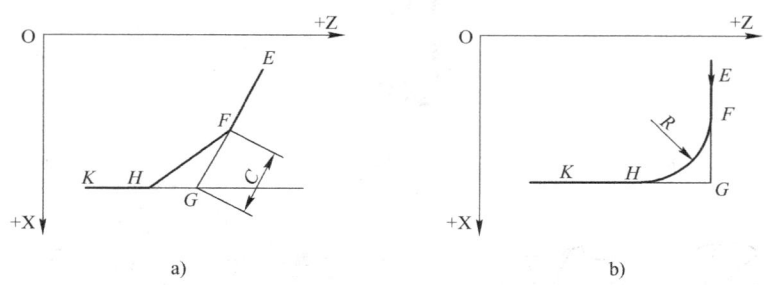

图 3-6 倒角指令示意图

四、外形轮廓的测量

1. 常用量具的分类

根据量具的种类和特点，量具可分为以下三类：

1）万能量具。这类量具一般都有刻度，在测量范围内可以测量零件的形状和尺寸的具体数值，如游标卡尺、千分尺、指示表和游标万能角度尺等。

2）专用量具。这类量具不能测出实际尺寸，只能测定零件的形状和尺寸是否合格，如卡规、塞规、塞尺等。

3）标准量具。这类量具只能制成某一固定尺寸，通常用来校对和调整其他量具，也可作为标准与被测零件进行比较，如量块。

2. 外形轮廓尺寸精度的测量

数控车床外形轮廓常用的测量量具主要有游标卡尺（见图 3-7a）、千分尺（见图 3-7b）、游标万能角度尺（见图 3-7c）、半径样板（见图 3-7d）、指示表（见图 3-7e）等。

1）用游标卡尺测量工件时，对工人的技术要求较高，测量时卡尺夹持工件的松紧程度对测量结果影响较大。因此，其实际测量时的测量精度不是很高。

2）千分尺的分度值通常为 0.01mm，测量灵敏度要比游标卡尺高，而且测量时也易控制其夹持工件的松紧程度。因此，千分尺主要用于较高精度的轮廓尺寸的测量。

3）游标万能角度尺主要用于各种角度和垂直度的测量，测量是采用透光检查法进行的。

4）半径样板主要用于各种圆弧的测量，测量是采用透光检查法进行的。

5）指示表则借助于磁性表座进行同轴度、跳动度、平行度等几何公差的测量。

五、台阶轴的编程及加工操作方法

在数控车床上完成图 3-8 所示台阶轴的加工，毛坯尺寸为 $\phi 50\text{mm} \times 60\text{mm}$，材料为 45 钢。

1. 分析零件图

该零件为一个比较简单的台阶轴，尺寸精度和表面粗糙度要求不高，右端有两个台阶，左端不加工。

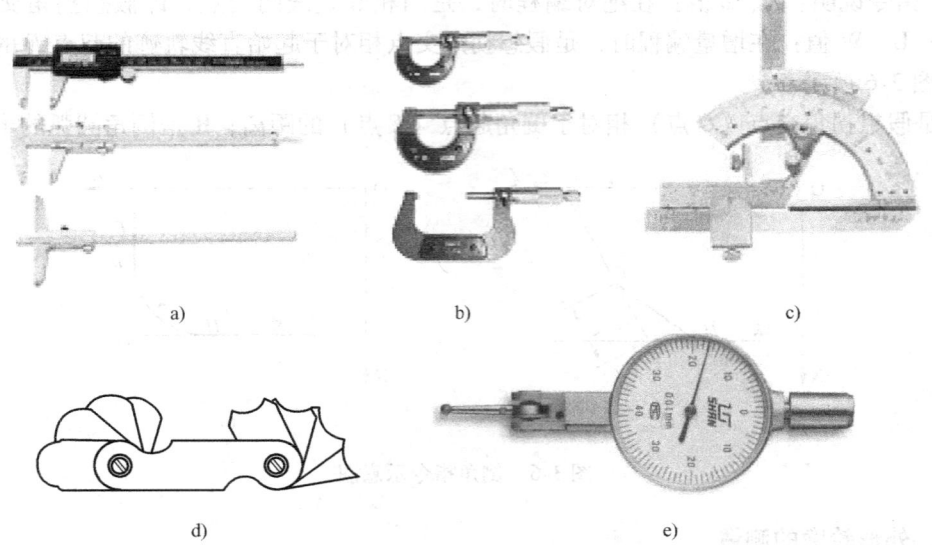

图 3-7 外形轮廓测量常用量具
a) 游标卡尺 b) 千分尺 c) 游标万能角度尺 d) 半径样板 e) 指示表

2. 工艺分析

1) 该零件右端加工左端不加工，可在一次装夹中完成零件车削。

2) 零件右端轮廓的加工余量较小，两处外圆均可用一次进给完成粗加工，不必分段，可连续进给完成。

3) 装夹加工时，将工件坐标系原点设定在装夹后的工件右端面中心上。工件加工程序换刀点都设在（X100.0，Z100.0）的位置上。

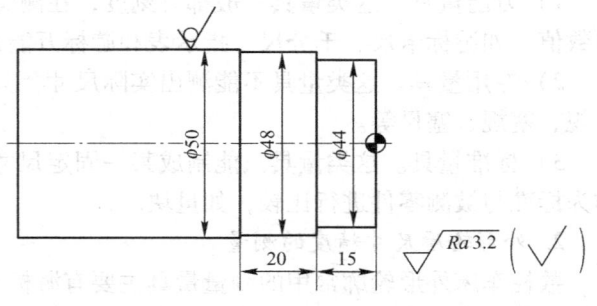

图 3-8 台阶轴

3. 刀具及切削用量的选择

台阶轴零件可以使用焊接式普通外圆车刀和机械夹固式外圆车刀。该零件加工选用目前数控车床加工中广泛使用的数控车刀，如图 3-9 所示的螺钉压紧式（S 型）外圆车刀。

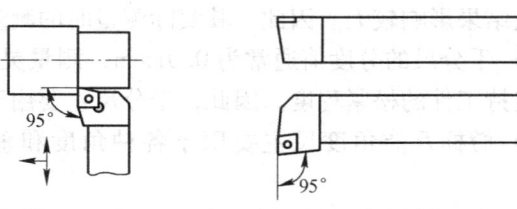

图 3-9 螺钉压紧式（S 型）外圆车刀

刀具及切削用量的选择见表 3-1。

表 3-1 刀具卡

刀具名称	刀具号	刀尖半径	加工内容	主轴转速/(m/min)	进给量/(mm/r)
95°外圆车刀	T0101	0.4mm	手动车端面	600	0.3
			粗车外圆轮廓		
95°外圆车刀	T0202	0.2mm	精车外圆轮廓	1000	0.1

4. 工件及刀具装夹方法

（1）工件装夹　工件用自定心卡盘进行定位装夹，夹紧力要适当。

（2）外圆车刀的装夹

1）车刀的装夹首要原则是在不干涉前提下，尽可能缩短刀杆悬伸长度，一般以不超过刀柄厚度的 1.5 倍为宜。

2）装夹时注意保证刀杆底面及侧面与刀座的定位面要贴合。

3）车台阶时注意车刀主偏角大于 90°。

4）压紧螺钉拧紧时不要用增力工具（如管子、活扳手）等。

5. 量具选择

加工中使用的量具见表 3-2。

表 3-2　量具清单

序号	名称	规格	分度值	数量	备注
1	游标卡尺	0~150mm	0.02mm	1	
2	游标深度卡尺	0~200mm	0.02mm	1	

6. 数值计算

零件轮廓连接处各基点坐标值已给出，如图 3-10 所示。换刀点（100.0, 100.0）、起刀点（52.0, 2.0）、切入点 A（44.0, 2.0）、B（44.0, -15.0）、C（48.0, -15.0）、D（48.0, -35.0）、切出点 E（52.0, -35.0）。

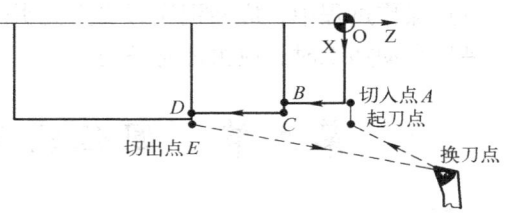

图 3-10　直线轮廓零件基点坐标

7. 工件参考程序（表 3-3）

表 3-3　程序卡（供参考）

主程序		
用自定心卡盘夹持毛坯外圆左端，找正并夹牢，车右端外轮廓		
程序号	程　　序	简要说明
	O3001；	程序名
N010	G21 G97 G99 G40；	程序初始化
N020	T0101 M03 S600；	主轴正转，选择 1 号 95°外圆粗车刀
N030	G00 X52.0 Z2.0 M08；	快速进给至起刀点，切削液开
N040	G00 X44.5 Z2.0 F0.3；	粗车右端外轮廓，外圆留 0.5mm 精车余量
N050	G01 X44.5 Z-15.0；	
N060	G01 X48.5 Z-15.0；	
N070	G01 X48.5 Z-35.0；	
N080	G01 X52.0 Z-35.0；	
N090	G00 X100.0 Z100.0；	快速退刀至换刀点
N100	T0202 S1000；	选择 2 号 95°外圆精车刀，主轴换转速 1000r/min

(续)

程序号	程　　序	简要说明
N110	G00 X52.0 Z2.0;	快速进给至起刀点
N120	G00 X44.0 Z2.0 F0.1;	精车右端外轮廓
N130	G01 X44.0 Z-15.0;	
N140	G01 X48.0 Z-15.0;	
N150	G01 X48.0 Z-35.0;	
N160	G01 X52.0 Z-35.0;	
N170	G00 X100.0 Z100.0 M05;	返回刀具换刀点，停主轴
N180	M09;	切削液关
N190	M30;	程序结束

8. 注意事项

1）装夹车削时应注意编程时换刀点的位置，以防机床碰撞尾座。

2）编程时注意 G01 后面 F 值不要忘记，避免以 G00 的速度加工零件。

3）操作过程中，应特别注意安全文明生产的要求，及时用铁钩清除切屑，防止伤人。

4）自动加工时，应关闭防护门。

第二节　圆锥轮廓零件的编程及加工

学习目标

1. 熟悉圆锥面零件的数控车削加工路线，并能合理确定轮廓粗、精加工路线。

2. 掌握圆锥面相关尺寸计算方法，并能准确计算出轮廓基点坐标。

3. 巩固数控编程基础知识，能熟练运用 G00 指令与 G01 指令编制零件加工程序。

4. 能够根据加工要求完成圆锥面零件的编程与加工。

一、圆锥面的数控车削加工方法

圆锥面零件是机床和工具上常见的表面零件，大多用于圆锥面配合，如车床主轴锥孔与顶尖的配合，车床尾座锥孔与麻花钻锥柄的配合等。为保证其配合精度，可在数控车床上进行加工，数控车床的刀架进给具有两轴联动功能，可以同时控制 X 坐标轴和 Z 坐标轴加工圆锥面轮廓零件。车削圆锥面的方法有：

（1）阶梯车锥法　如图 3-11a 所示，阶梯车锥法就是根据加工余量先粗车出台阶，然后再精车锥度。此加工路线，粗车时刀具背吃刀量相同，精车时背吃刀量不同，这样会影响零件加工精度。此方法计算麻烦，但刀具切削的路线最短。

（2）平行车锥法　如图 3-11b 所示，平行车锥法就是刀具的运动是按照平行于圆锥素线的方向进行切削。此加工路线，刀具每次背吃刀量相同，但编程时需计算刀具的起点和终点坐标。此方法计算麻烦，但加工效率较高，零件加工精度较高。

（3）变角度车锥法 如图3-11c所示，变角度车锥法就是刀具按照不同角度切削锥度。此加工路线，刀具每次背吃刀量不同，无需计算终点坐标，计算方便，但每次背吃刀量是变化的，从而会影响零件加工精度。

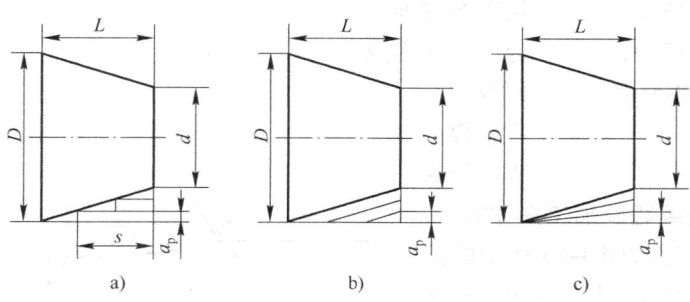

图 3-11 车削圆锥面的加工方法

二、圆锥面各部尺寸计算方法

1. 锥度的计算

锥度的各部名称及一般计算公式

$$C = \frac{D-d}{L}$$

式中 C——锥度；
D——最大圆锥直径（mm）；
d——最小圆锥直径（mm）；
L——最大圆锥直径与最小圆锥直径之间的轴向距离（mm）。

2. 圆锥斜角（$\alpha/2$）的计算

$$\tan\frac{\alpha}{2} = \frac{C}{2} = \frac{D-d}{2L}$$

3. 实例分析

例1：求图3-12所示圆锥面的大端直径 D 和圆锥半角 $\alpha/2$。

解：本例中，已知圆锥面小端直径 $d = \phi15\text{mm}$，圆锥长度 $L = 15\text{mm}$，锥度 $C = 3:5$，求大端直径 D，将各已知参数代入公式得

$$D = d + CL = 15\text{mm} + 15\text{mm} \times 3/5 = 24\text{mm}$$

$$\tan\frac{\alpha}{2} = \frac{C}{2} = \left(\frac{3}{5}\right)/2 = 0.3$$

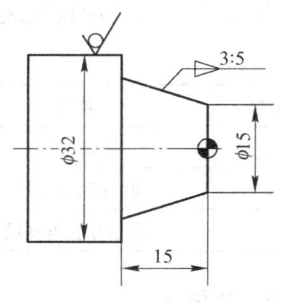

图 3-12 圆锥面尺寸计算实例图

查三角函数表得：$\alpha/2 = 16.699°$。

即圆锥面大端直径 D 为 $\phi24\text{mm}$，圆锥半角 $\alpha/2$ 为 $16.699°$。

例2：试编写图3-12所示圆锥面的精加工数控程序。

O0001；

```
T0101;                  选择1号刀并调用1号刀补
M03 S800;               主轴正转，转速800r/min
G00 G99 X34.0 Z2.0;     快速进给至起刀点
G01 X15.0 Z2.0 F0.1;    进刀至切入点
G01 Z0;                 到达锥度起点
G01 X24.0 Z-15.0;       精车圆锥面
G01 X34.0 Z-15.0;       退刀至切出点
G00 X100.0 Z100.0;      回换刀点
M05;                    主轴停
M30;                    程序结束
```

三、圆锥面的编程及加工操作方法

在数控车床上完成图 3-13 所示的圆锥轮廓零件，毛坯尺寸为 φ50mm × 60mm，材料为 45 钢。

1. 分析零件图

该零件为一个比较简单的圆锥轴，尺寸精度和表面粗糙度要求不高，右端有一个外圆、一个锥度，左端不加工。

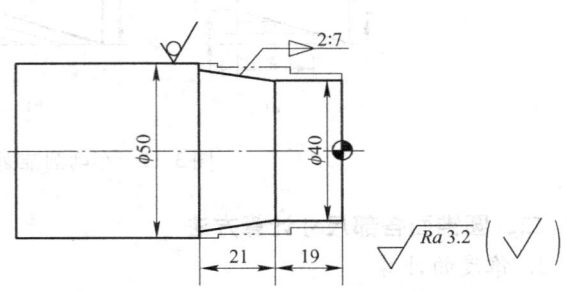

图 3-13　圆锥轮廓零件编程实例图

2. 工艺分析

1) 该零件右端加工左端不加工，可在一次装夹中完成零件车削。

2) 零件右端轮廓可采用分段粗车，先粗车圆柱面，再用变角度车锥法车圆锥面。精加工轮廓应安排一次进给连续加工，按照由近到远的原则，从右向左进行加工。

3) 装夹加工时，将工件坐标系原点设定在装夹后的工件右端面中心上。工件加工程序换刀点都设在（X100.0，Z100.0）的位置上。

3. 刀具的选择及工件装夹方法

刀具的选择及工件的装夹方法同本章第一节讲述内容。

4. 量具选择

加工中使用的量具见表 3-4。

表 3-4　量具清单

序号	名称	规格	分度值	数量	备注
1	游标卡尺	0～150mm	0.02mm	1	
2	游标深度卡尺	0～200mm	0.02mm	1	
3	游标万能角度尺	0°～320°	2′	1	

5. 数值计算

零件轮廓连接处各基点坐标值已给出，如图 3-14 所示。换刀点（100.0，100.0）、起刀点（52.0，2.0）、切入点 A（40.0，2.0）、B（40.0，-19.0）、C（46.0，-40.0）、切出点 D（52.0，-40.0）。

6. 工件参考程序（表 3-5）

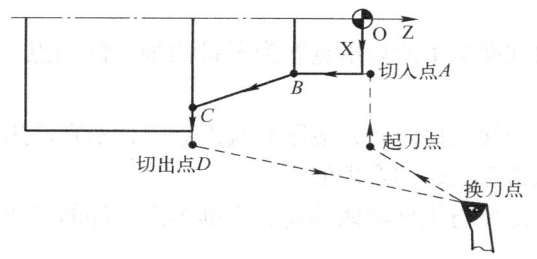

图 3-14 圆锥轮廓零件基点坐标

表 3-5 程序卡（供参考）

主程序		
用自定心卡盘夹持毛坯外圆左端，找正并夹牢，车右端外轮廓		
程序号	程 序	简 要 说 明
	O3002；	程序名
N010	G21 G97 G99 G40；	程序初始化
N020	T0101 M03 S600；	主轴正转，选择 1 号 95°外圆粗车刀
N030	G00 X52.0 Z2.0 M08；	快速进给至起刀点，切削液开
N040	X44.0；	第一次粗车右端外圆柱面至 $\phi44$mm
N050	G01 Z-19.0 F0.3；	
N060	X52.0；	
N070	G00 Z2.0；	
N080	X40.5；	第二次粗车右端外圆柱面至 $\phi40.5$mm
N090	G01 Z-19.0；	
N100	X44.0；	第一次粗车右端圆锥面至小端直径 $\phi44$mm
N110	X46.5 Z-40.0；	
N120	X52.0；	
N130	G00 Z-19.0；	第二次粗车右端圆锥面至小端直径 $\phi40.5$mm
N140	G01 X40.5；	
N150	X46.5 Z-40.0；	
N160	X52.0；	
N170	G00 X100.0 Z100.0；	快速退刀至换刀点
N180	T0202 S1000；	选择 2 号 95°外圆精车刀，主轴换转速 1000r/min
N190	G00 X52.0 Z2.0；	快速进给至起刀点
N200	X40.0 F0.1；	精车右端外轮廓
N210	G01 Z-19.0；	
N220	X46.0 Z-40.0；	
N230	X52.0；	
N240	G00 X100.0 Z100.0 M05；	返回刀具换刀点，停主轴
N250	M09；	切削液关
N260	M30；	程序结束

7. 注意事项

1）分段加工时，圆柱面加工的切出点即为圆锥面加工的起点，为减少空行程，两段加工之间不用退刀。

2）加工圆锥面时，为使程序简洁，应贴着端面进刀，不宜使用 G00 指令。

3）编程时注意模态指令代码的合理使用。

4）车锥面时刀尖一定要与工件轴线等高，否则车出工件的素线会不直，成双曲线形。

第三节　圆弧轮廓零件的编程及加工

学习目标

1. 熟悉圆弧面数控车削加工路线，并能合理确定轮廓粗、精加工路线。

2. 掌握圆弧面相关尺寸计算，并能准确计算出轮廓上各基点的坐标。

3. 掌握圆弧插补指令 G02/G03 的指令格式、功能，掌握顺逆圆弧的判别方法。

4. 能够根据加工要求完成圆弧面零件的编程与加工。

一、圆弧面的数控车削加工方法

有些机器零件的表面轴向剖面呈圆弧线，如椭圆手柄、圆球手柄等，具有这些特征的表面叫成形面。如果在普通车床上加工圆弧面，其难度较大，加工精度不高，劳动强度也较大。但在数控车床上，利用数控车床的两轴联动功能及圆弧插补指令，可以联动控制 X 坐标轴和 Z 坐标轴方便地进行圆弧面轮廓零件的加工，同时加工精度及加工效率也得到大大提高。

1. 车削凸圆弧面的方法

（1）车锥法　如图 3-15a 所示，根据加工余量，采用圆锥分层切削的办法将加工余量去除后，再进行圆弧精加工。采用这种方法加工时，加工效率高，但计算麻烦。

（2）同心圆分层切削法　如图 3-15b 所示，根据加工余量，采用不同的圆弧半径，同时在两个方向上向所加工的圆弧偏移，最终将圆弧加工出来。采用这种方法加工时，每次进给的加工余量相等，圆弧的起点、终点坐标容易确定，数值计算简单，编程方便，但空行程较多。

（3）圆弧偏移法　如图 3-15c 所示，根据加工余量，通过移动圆心的位置，并用相同的圆弧半径，渐进地向机床的某一坐标轴方向偏移，最终将圆弧加工出来。采用这种方法加工时，编程简便，但空行程较多。

2. 车削凹圆弧面的方法

图 3-16 所示为切削凹圆弧面时的几种常用方法。

采用同心圆分层切削法（图 3-16a）和圆弧偏移法（图 3-16b）的特点与凸圆弧加工类

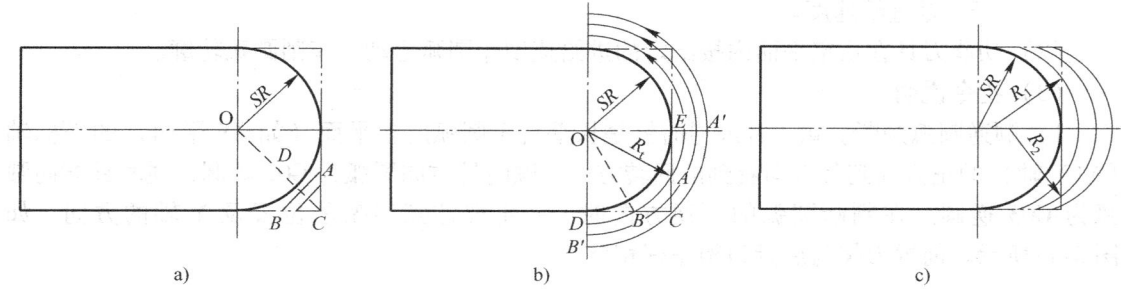

图 3-15 车削凸圆弧面的方法

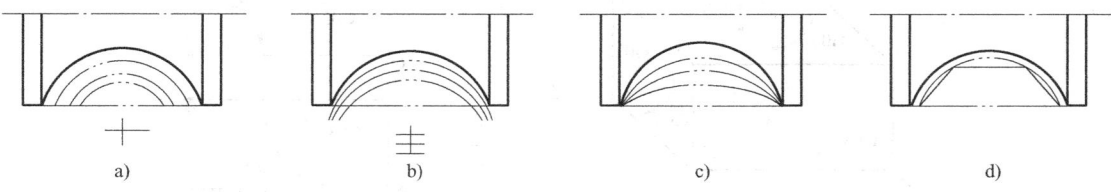

图 3-16 车削凹圆弧面的方法

似。此外,还常用以下两种方法:

(1) 变半径分层切削法 如图 3-16c 所示,根据加工余量,采用起点坐标、终点坐标固定,改变半径的分层切削法最终将圆弧加工出来。编程时只需计算变半径值,并注意半径值与背吃刀量匹配。

(2) 切梯形槽法 如图 3-16d 所示,对于较深凹圆弧的加工,可采用切梯形槽的方法先去除大部分加工余量,再进行圆弧精加工。

对以上加工路线的比较和分析如下:

1) 程序段最少的为同心圆分层切削法及圆弧偏移法。

2) 加工路线最短的为同心圆分层切削法,其余依次为变半径分层切削法、切梯形槽法及圆弧偏移法。

3) 计算和编程最简单的为圆弧偏移法(可利用程序循环功能),其余依次为同心圆分层切削法、变半径分层切削法、切梯形槽法。

4) 金属切除率最高、切削力分布最合理的为切梯形槽法。

5) 精车余量最均匀的为同心圆分层切削法。

二、圆弧插补指令(G02、G03)

(1) 指令格式

$$\begin{Bmatrix} G02 \\ G03 \end{Bmatrix} X(U)\_\ Z(W)\_\ \begin{Bmatrix} I\_\ K\_ \\ R\_ \end{Bmatrix} F\_;$$

其中:X_、Z_ 是绝对编程时,圆弧终点在工件坐标系中的坐标。

U_、W_ 是增量编程时,圆弧终点相对于圆弧起点的位移量。

I_、K_ 是圆心相对于圆弧起点的增加量(等于圆心的坐标减去圆弧起点的坐标,在绝对、增量编程时都是以增量方式指定,在直径、半径编程时 I 都是半径值)。

R_ 是圆弧半径,圆弧圆心角小于 180° 时,R 为正值,否则 R 为负值。

F_ 是进给速度。

(2) 功能 刀具在指定平面内按给定的进给速度作圆弧运动,车削圆弧轮廓。

(3) 指令说明

1) 顺逆圆弧判断。顺时针或逆时针是从垂直于圆弧所在平面（如 ZX 平面）的坐标轴（如 Y 轴）的正方向到负方向看到的回转方向,顺时针方向圆弧为 G02 顺圆,逆时针方向圆弧为 G03 逆圆。在判断圆弧的顺逆方向时,一定要注意刀架的位置及 Y 轴的方向,如图 3-17 所示。前置刀架与后置刀架正好相反。

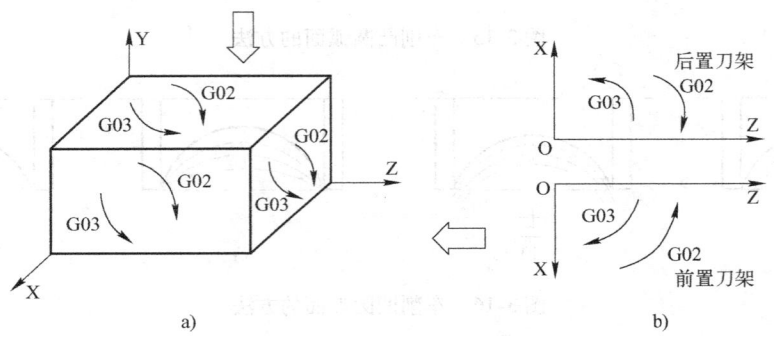

图 3-17 圆弧插补方向规定
a) 圆弧顺逆方向 b) 刀架位置

2) 圆弧半径的确定。圆弧半径 R 有正值与负值之分。当圆弧圆心角小于或等于 180°（图 3-18 中圆弧 1）时,程序中的 R 用正值表示。当圆弧圆心角大于 180°并小于 360°（图 3-18 中圆弧 2）时,R 用负值表示。通常情况下,数控车床上所加工的圆弧的圆心角小于 180°。

3) 整圆编程时不可以使用 R,只能用 I、K。

4) 同时编入 R 与 I、K 时,R 有效。

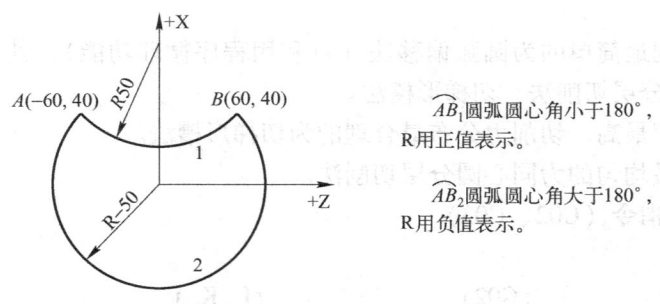

图 3-18 圆弧半径正负值的判断

例：如图 3-18 中轨迹 AB,用 R 指令格式编写的程序段如下：

$\widehat{AB}_1$: G03 X60.0 Z40.0 R50.0 F0.2;

$\widehat{AB}_2$: G03 X60.0 Z40.0 R-50.0 F0.2;

三、圆弧相关计算及编程

试按圆弧偏移法的加工工艺编写如图 3-19 所示工件的加工程序（外圆已加工完）。

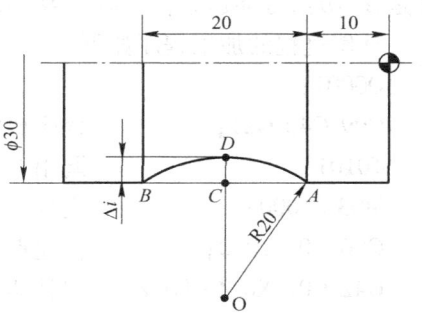

图 3-19 圆弧计算编程实例图

1. 相关计算

（1）确定 X 方向圆弧加工余量 Δi

$$\Delta i = CD = OD - OC = OD - \sqrt{OA^2 - AC^2}$$
$$= (20 - \sqrt{20^2 - 10^2})\text{mm} \approx 2.68\text{mm}$$

（2）估算粗车次数 d　粗车次数可由下式估算

$d = (X\text{ 方向圆弧加工余量 } \Delta i -$ 精加工余量 $\Delta u)$ /单边背吃刀量 a_p

$$d = (\Delta i - \Delta u)/a_p = (2.68 - 0.2)/1.5 \approx 2 \text{ 次}$$

2. 程序编制

O0001；
T0101；　　　　　　　　　　　选择 1 号刀并调用 1 号刀补
M03 S600；　　　　　　　　　主轴正转，转速 600r/min
G00 G99 X35.0 Z-10.0；　　　快速进给至起刀点
G01 X32.4 F0.2；　　　　　　进刀至切入点
G02 X32.4 Z-30.0 R20.0；　　第一次粗车圆弧面，背吃刀量为单边 1.2mm
G00 X35.0 Z-10.0；　　　　　退回起刀点
G01 X30.4；　　　　　　　　进刀至切入点
G02 X30.4 Z-30.0 R20.0；　　第二次粗车圆弧面，X 方向留单边 0.2mm 精加工余量
G00 X35.0 Z-10.0；　　　　　退回起刀点
G01 X30.0 S1000；　　　　　进刀至精加工切入点，转速 1000r/min
G02 X30.0 Z-30.0 R20.0 F0.1；精车圆弧面，进给量 0.1mm/r
G00 X100.0 Z100.0；　　　　退回换刀点
M05；　　　　　　　　　　　主轴停
M30；　　　　　　　　　　　程序结束

四、刀尖圆弧半径补偿

1. 刀尖圆弧半径补偿的定义

带有刀尖圆弧的车刀的刀位点为刀尖圆弧的圆心。为确保工件加工后的轮廓形状，加工时刀尖圆弧的圆心运动轨迹应与工件轮廓偏置一个半径值，这种偏置称为刀尖圆弧半径补偿。圆弧形车刀的切削刃半径偏置也与其相同。

2. 刀尖圆弧半径补偿指令格式

G41 G01/G00 X__ Z__ F__；　　刀尖圆弧半径左补偿
G42 G01/G00 X__ Z__ F__；　　刀尖圆弧半径右补偿
G40 G01/G00 X__ Z__ F__；　　取消刀尖圆弧半径补偿

3. 刀尖圆弧半径补偿过程

刀尖圆弧半径补偿的过程分为三步：刀补的建立、刀补的进行和刀补的取消。其补偿过程是 A→B：刀补建立，B→C→D→E：刀补进行，E→F：刀补取消，如图 3-20 所示。

补偿过程的加工程序如下：

O0001；
G99 G40 G21；　　　　　程序初始化
T0101；　　　　　　　　调用 1 号刀，执行 1 号刀补
M03 S1000；　　　　　　主轴正转，转速 1000r/min
G00 X0 Z10.0；　　　　　快速点定位
G42 G01 X0 Z0 F0.2；　　刀补建立
X40.0；　　　　　　　⎫
Z-18.0；　　　　　　　⎬ 刀补进行
X80.0；　　　　　　　⎭
G40 G00 X85.0 Z10.0；　刀补取消
M05；　　　　　　　　主轴停
M30；　　　　　　　　程序结束

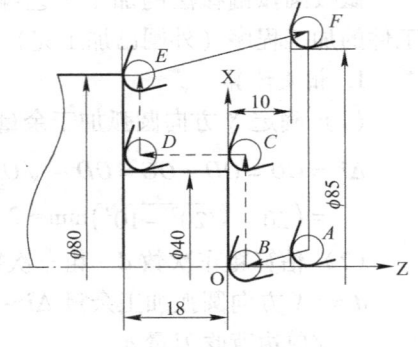

图 3-20　刀尖圆弧半径补偿过程

（1）刀补建立　刀补的建立指刀具从起点接近工件时，车刀圆弧刃的圆心从与编程轨迹重合过渡到与编程轨迹偏离一个偏置量的过程。该过程的实现必须与 G00 或 G01 功能在一起才有效。

刀具补偿过程通过 G42 程序段建立。当执行 G42 程序段后，车刀圆弧刃的圆心坐标位置由以下方法确定：将包含 G42 语句的下边两个程序段预读，连接在补偿平面内最近两移动语句的终点坐标（见图 3-20 中的 BC 连线），其连线的垂直方向为偏置方向，根据 G41 或 G42 来确定偏向哪一边，偏置的大小由刀尖圆弧半径值决定。经补偿后，车刀圆弧刃的圆心位于图 3-20 中的 B 点处，其坐标值为 [0，(0 + 刀尖圆弧半径)]。

（2）刀补进行　在 G41 或 G42 程序段后，程序进入补偿模式，此时车刀圆弧刃的圆心与编程轨迹始终相距一个偏置量，直到刀补取消。

在该补偿模式下，机床同样要预读两段程序，找出当前程序段所示刀具轨迹与下一程序段偏置后的刀具轨迹交点，以确保机床把下一段工件轮廓向外补偿一个偏置量，如图 3-20 中的 C 点、D 点等。

（3）刀补取消　刀具离开工件，车刀圆弧刃的圆心轨迹过渡到与编程轨迹重合的过程称为刀补取消，如图 3-20 中的 EF 段，通过指令 G40 来执行。

五、刀具刀沿位置及刀具参数的设置

1. 常用车刀的刀沿位置号（图 3-21）
2. 刀具参数的设置

在 FANUC 车削系统中，刀具半径补偿号由 T 指令指定，本例中为 T02 02。其刀尖圆弧补偿号与刀具偏置补偿号对应，图 3-22 所示显示画面 "02" 中相对应的 "T3" 即是指该刀具的切削沿位置号是 3 号，对应的 "0.400" 即是指该刀具的半径补偿值（刀尖圆弧半径）为 0.4mm。

六、圆弧面的编程及加工操作方法

在数控车床上完成图 3-23 所示圆弧轴零件，毛坯尺寸为 $\phi50mm \times 60mm$，材料为 45 钢。

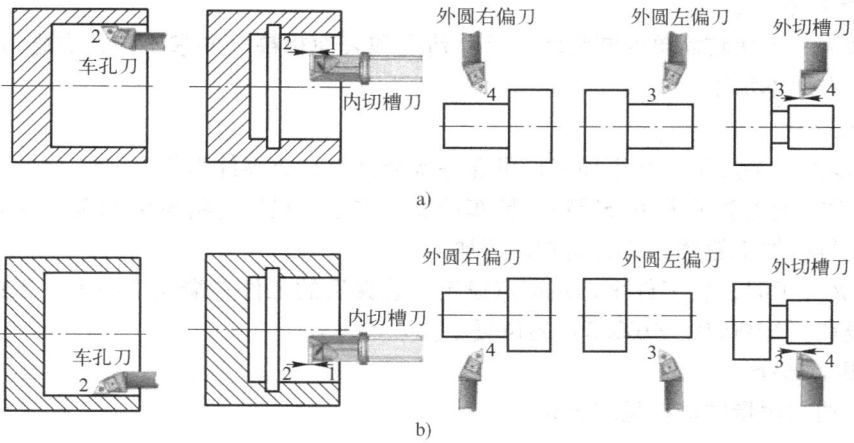

图 3-21 常用车刀的刀沿位置号
a)后置刀架,+Y 轴向外时的刀沿位置号 b)前置刀架,+Y 轴向里时的刀沿位置号

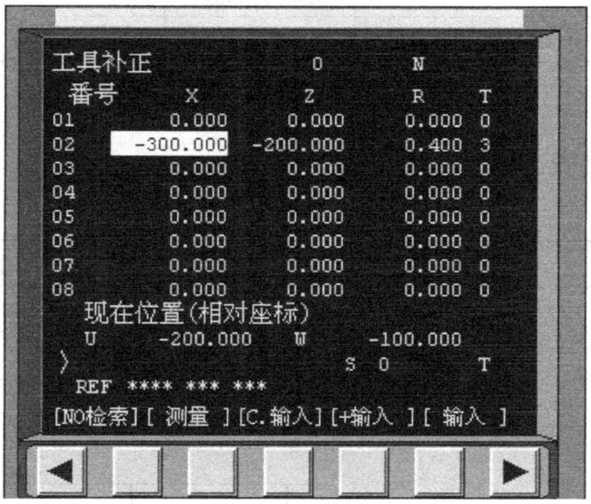

图 3-22 FANUC 系统刀具补偿参数设定

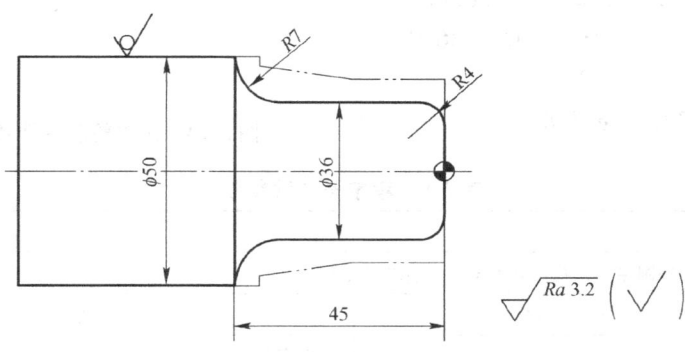

图 3-23 圆弧轴零件

1. 分析零件图

该零件为一个比较简单的圆弧轴，尺寸精度和表面粗糙度要求不高，右端有一个外圆、两个圆弧，左端不加工。

2. 工艺分析

1）该零件右端加工左端不加工，可在一次装夹中完成零件车削。

2）零件右端轮廓可采用分层粗、精车的加工方法。粗车时将轮廓向 X 正方向平移，加工数次后进行精加工轮廓，从右向左进行加工。

3）装夹加工时，将工件坐标系原点设定在装夹后的工件右端面中心上。工件加工程序换刀点都设在（X100.0，Z100.0）的位置上。

3. 刀具的选择

刀具及切削用量的选择见表3-6。

表 3-6 刀具卡

刀具名称	刀具号	刀尖半径	刀沿号	加工内容	主轴转速/(r/min)	进给量/(mm/r)
95°外圆车刀	T0101	0.4mm	3	手动车端面	800	0.2
				粗车外圆轮廓		
95°外圆车刀	T0202	0.2mm	3	精车外圆轮廓	1000	0.1

4. 量具选择

加工中使用的量具见表3-7。

表 3-7 量具清单

序号	名称	规格	分度值	数量	备注
1	游标卡尺	0~150mm	0.02mm	1	
2	游标深度卡尺	0~200mm	0.02mm	1	
3	半径样板	$R1$~$R6.5mm$，$R7$~$R14.5mm$		1	

5. 数值计算

零件轮廓连接处各基点坐标值已给出，如图3-24所示。换刀点（100.0，100.0）、切入点（28.0，2.0）、A（28.0，0.0）、B（36.0，-4.0）、C（36.0，-38.0）、D（50.0，-45.0）。

6. 工件参考程序（表3-8）

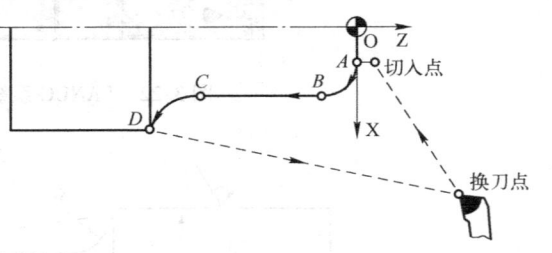

图 3-24 圆锥轮廓零件基点坐标

表 3-8 程序卡（供参考）

主程序		
用自定心卡盘夹持毛坯外圆左端，找正并夹牢，车右端外轮廓		
程序号	程　　序	简要说明
	O3003；	程序名
N010	G21 G97 G99 G40；	程序初始化

(续)

程序号	程　　序	简要说明
N020	T0101 M03 S800;	主轴正转，选择1号95°外圆粗车刀
N030	G00 X52.0 Z2.0 M08;	快速进给至起刀点，切削液开
N040	X35.0;	第一次粗车右端外轮廓，向X正方向偏移单边3.5mm的余量
N050	G01 Z0 F0.2;	
N060	G03 X43.0 Z-4.0 R4.0;	
N070	G01 Z-38.0;	
N080	G02 X57.0 Z-45.0 R7.0;	
N090	G00 Z2.0;	
N100	X28.5;	第二次粗车右端外轮廓，向X正方向留精车余量双边0.5mm
N110	G01 Z0.0	
N120	G03 X36.5 Z-4.0 R4.0;	
N130	G01 Z-38.0;	
N140	G02 X50.5 Z-45.0 R7.0;	
N150	G00 X100.0 Z100.0;	快速退刀至换刀点
N160	T0202 S1000;	选择2号95°外圆精车刀，主轴换转速1000r/min
N170	G00 X52.0 Z2.0;	快速进给至起刀点
N180	X28.0;	快速进给至切入点
N190	G42 G01 Z0.0	刀尖圆弧半径补偿的建立
N200	G03 X36.0 Z-4.0 R4.0 F0.1;	精车右端外轮廓，刀尖圆弧半径补偿正在进行
N210	G01 Z-38.0;	
N220	G02 X50.0 Z-45.0 R7.0;	
N230	G01 X52.0;	
N240	G40 G00 X100.0 Z100.0 M05;	返回刀具换刀点，刀尖圆弧半径补偿取消
N250	M09;	切削液关
N260	M30;	程序结束

7. 注意事项

1) 编程时注意正确判断圆弧的顺逆，确定使用插补指令G02或G03。

2) 在刀具补偿模式下，一般不允许存在连续两段以上的补偿平面内非移动指令，否则刀具也会出现过切等危险动作。补偿平面非移动指令通常指：仅有G、M、S、F、T指令的程序段（如G90、M05）及程序暂停程序段（G04 X10.0）。

3) 程序中如果有刀具半径补偿（G41、G42），刀尖起点必须离开工件端面一段距离，不然会撞刀。

4) 程序结束时，必须用G40清除刀补。

第四章 内、外轮廓加工

第一节 单一固定循环 G90 车削外圆

学习目标

1. 能合理确定简单圆柱、圆锥面轮廓零件的加工方案，合理选择加工工艺路线。
2. 掌握单一固定循环 G90 的指令格式、功能及使用方法。
3. 正确理解循环加工轨迹，合理确定循环参数，特别是 R 值。
4. 能够根据加工要求完成零件的编程与加工并掌握零件尺寸控制方法。

一、单一固定循环指令 G90

1. 圆柱面切削循环

（1）指令格式

G90 X(U)__ Z(W)__ F__;

说明：X、Z 取值为圆柱面切削终点坐标值。

U、W 取值为圆柱面切削终点相对循环起点的距离。

F 为循环切削过程中的进给速度，该值可沿用到后续程序中去，也可沿用循环程序前已经指定的 F 值。

（2）功能　该循环主要用于零件的内、外圆加工。

（3）指令的运动轨迹及工艺说明　如图 4-1 所示的循环，刀具从循环起点开始按矩形 1R→2F→3F→4R 循环，最后又回到循环起点。图中虚线表示按 R 快速移动，实线表示按 F 指定的工作进给速度移动。刀具从循环起点开始以 G00 方式径向移动至指令中的 X 坐标处（切削始点），再以 G01 的方式沿轴向切削工件外圆至终点坐标处（切削终点），然后以 G01 方式沿径向车削端面至

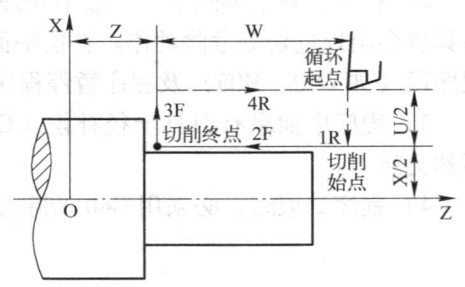

图 4-1　外圆柱切削循环

循环起点的 X 坐标处，最后以 G00 方式快速返回循环起点处。

G90 指令将按矩形 1R→2F→3F→4R 循环四段插补指令组合成一条循环指令进行编程，达到简化编程的目的。

（4）循环起点的确定　循环起点是机床执行循环指令之前，刀位点所在的位置，该点既是程序循环的起点，又是程序循环的终点。对于该点，要考虑快速进刀的安全性，Z 向要离开加工部位 1～2mm；在加工外圆表面时，X 向可略大于或等于毛坯外圆直径。

（5）G90 指令加工内孔　G90 指令加工内孔的指令格式同外圆加工，只是加工路线不同，如图 4-2 所示。

加工内孔时应注意：G90 循环起点应指定在工件被加工面之外，特别注意循环起点的 X 坐标应小于切削内孔的直径，但不能过小，否则退刀时刀杆的另一侧面会与内圆表面发生碰撞，如图 4-3 所示。

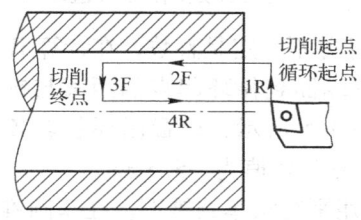
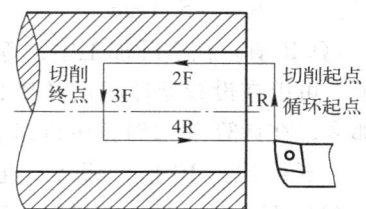

图 4-2　G90 内孔加工路线　　　　　　　图 4-3　循环起点 X 坐标过小

2. 圆锥面切削循环

（1）指令格式

G90 X(U)＿ Z(W)＿ R＿ F＿；

说明：X、Z 取值为圆锥面切削终点坐标值。

U、W 取值为圆锥面切削终点相对循环起点的坐标增量。

R 取值为圆锥面切削始点与圆锥面切削终点的半径差，有正负号。

F 为循环切削过程中的进给速度。

（2）功能　该指令适用于在零件的内、外圆锥面上毛坯余量较大或直接从棒料车削零件时进行精车前的粗车，以去除大部分毛坯余量。

（3）指令的运动轨迹及工艺说明　圆锥面切削循环的执行过程与圆柱面切削循环类似，如图 4-4 所示的循环，刀具从循环起点开始按梯形 1R→2F→3F→4R 循环，最后又回到循环起点。图中虚线表示按 R 快速移动，实线表示按 F 指定的工作进给速度移动。

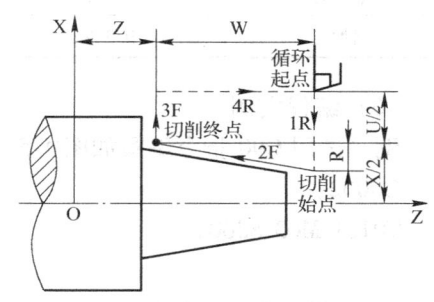

图 4-4　圆锥面切削循环

（4）R 值的确定

1）计算 R 值。循环指令中的 R 值有正、负之分，具体计算方法为圆锥起点端面半径尺寸减去终点端面半径尺寸。对外径车削，锥度左大右小时 R 值为负；反之为正。对内孔车削，锥度左小右大时 R 值为正；反之为负。

实际加工中，考虑 G00 进刀的安全性，循环起点位置宜取在轴向距圆锥右端面 1～2mm

处，加工 BC 直线段时，若选择从 B 点起刀，实际加工路线为 B_1C，则必然导致锥度误差，解决的办法是在 BC 直线的延长线上起刀（图中的 B_2 点），如图 4-5 所示。此时，需重新计算 R 值。

由图中得
$$R = -(CF + B_1B_2)$$
$$CF = (20 - 10)\,\text{mm}/2 = 5\,\text{mm}$$

在图中 $\triangle BCF$ 与 $\triangle BB_1B_2$ 是相似三角形，得
$$CF/BF = B_1B_2/BB_1$$

即：
$$5/25 = B_1B_2/2$$
$$B_1B_2 = 0.4\,\text{mm}$$

所以，
$$R = -5.4\,\text{mm}$$

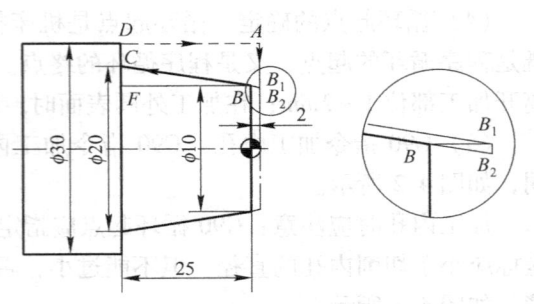

图 4-5 圆锥面切削循环 R 值计算

2）巧算 R 值。在实际加工中，零件图样上锥长尺寸并不一定是整数，在计算 R 值时就比较麻烦。可以在设置循环起点 Z 坐标时，取在圆锥右端面到循环起点的距离与锥长成整数倍，那么，在计算 R 值时就可以口算直接得出。如图 4-5 所示，设置循环起点 Z 坐标为 2.5mm 时，长度比为 10 倍，那么，直径比也为 10 倍，得出 R 值为 -5.5mm。

（5）分层加工终点坐标的确定 如图 4-5 所示，采用平行法车圆锥面。在车圆锥面时应按照最大切除余量确定进给次数，避免第一刀的背吃刀量过大。粗加工背吃刀量取单边 3mm，精加工余量为 ϕ0.3mm，根据圆锥小端加工总余量 20mm 确定分层切削粗加工次数为 4 次。分层切削起点的 X 坐标见表 4-1，表中终点 X 坐标值＝起点 X 坐标＋大小端直径差。

表 4-1 圆锥面分层切削加工终点坐标的确定

进给	切削起点坐标	切削终点坐标	程序段
粗加工第一刀	23.2,2	34,-25	G90 X34.0 Z-25.0 R-5.4 F0.2
第二刀	17.2,2	28,-25	G90 X28.0 Z-25.0 R-5.4 F0.2
第三刀	11.2,2	22,-25	G90 X22.0 Z-25.0 R-5.4 F0.2
第四刀	9.5,2	20.3,-25	G90 X20.3 Z-25.0 R-5.4 F0.2
精加工	9.2,2	20.0,-25	G90 X20.0 Z-25.0 R-5.4 F0.1

（6）编程实例

例：试用 G90 指令编写如图 4-5 所示工件的加工程序。

```
O0002；
T0101 M03 S800；              选择 1 号刀并调用 1 号刀补，主轴正转，转速
                              800r/min
G00 G99 X32.0 Z2.0；          快速进给至循环起点
G90 X34.0 Z-25.0 R-5.4 F0.2； 调用 G90 循环车削圆锥面
     X28.0；                  模态调用，下同
     X22.0；
     X20.3；                  X 向留双边 0.3mm 精加工余量
G90 X20.0 Z-25.0 R-5.4 F0.1 S1200； 精加工
```

```
G00 X100.0 Z100.0;              退刀
M30;                            程序结束
```

二、零件尺寸精度的控制方法

一般零件外圆尺寸精度要求较高，在零件完成粗加工后，虽然进行检测并按照实测值误差进行了补偿，但完成精加工后仍然会出现尺寸超差的现象，究其原因主要是：

1）对刀有误差。
2）粗加工后的表面较粗糙造成检测误差，测量值大于实际值，按此测量值进行精加工往往会造成工件外圆尺寸偏小，无法弥补。
3）粗、精加工中切削力的变化造成实际背吃刀量与理论背吃刀量的偏差。
4）受机床精度的影响。

为避免粗加工误差对精加工的影响，通常采用两次精加工，即粗加工→精加工→二次精加工的加工方案。精加工与二次精加工加工条件保证基本一致，从而有效保证了加工精度。具体见表4-2。

表4-2 零件尺寸的修调及磨耗值的确定　　　　　　　　　　（单位：mm）

加工阶段	编程值	磨耗值	实测值	误差
粗加工（分层）	34.3	+0.3（预留）		
精加工	34.0	+0.3（预留）	34.35	+0.05
二次精加工	34.0	-0.05	34.0	

具体操作过程：首先在磨耗中预留精加工余量（该余量应与程序中精加工余量取值相同），接着按程序执行完粗加工→精加工后检测工件尺寸，根据实测值再次修调磨耗值（误差为正值时，磨耗中应补偿对应的负值，见表4-2），最后在跳段功能下重新执行程序（预先在编辑程序时将粗车程序段打上程序跳段符号）。这样通过两次精加工可以有效保证零件加工精度。

三、台阶轴的编程及加工操作方法

在数控车床上完成图4-6所示零件的加工，毛坯尺寸为 $\phi 50\text{mm} \times 60\text{mm}$，材料为45钢。

1. 分析零件图

该零件为一个比较简单的带锥度台阶轴，尺寸 $\phi 34_{-0.05}^{0}\text{mm}$ 的精度要求和表面粗糙度要求较高，零件的加工余量较多。

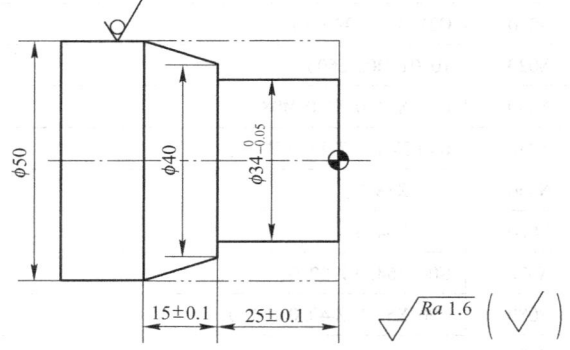

图4-6 单一固定循环G90编程实例图

2. 工艺分析

1）该零件右端加工左端不加工，可在一次装夹中完成零件车削。

2）零件右端轮廓的加工余量较多，若采用基本指令编程会比较繁琐，而采用单一固定循环G90进行粗车，用基本指令进行精车，那么编写的加工程序就比较简洁明了。

3）外圆柱面和圆锥面可分段进行粗加工，最后按轮廓表面进行精加工。

4）装夹加工时，将工件坐标系原点设定在装夹后的工件右端面中心上。工件加工程序换刀点都设在（X100.0，Z100.0）的位置上。

3. 刀具选择及工件装夹方法

刀具的选择及工件的装夹方法同第三章第一节讲述内容。

4. 量具选择

加工中使用的量具见表4-3。

表4-3 量具清单

序号	名称	规格	分度值	数量	备注
1	游标卡尺	0~150mm	0.02mm	1	
2	游标深度卡尺	0~200mm	0.02mm	1	
3	外径千分尺	$\phi25~\phi50$mm	0.01mm	1	
4	游标万能角度尺	0°~320°	2′	1	

5. 数值计算

零件轮廓连接处各基点坐标值已给出，如图4-7所示。换刀点（100.0，100.0）、循环起点1（54.0，2.0）、A（34.0，2.0）、B（34.0，-25.0）、C（40.0，-25.0）、D（50.0，-40.0）、循环起点2（54.0，-22.0）。

6. 工件参考程序（表4-4）

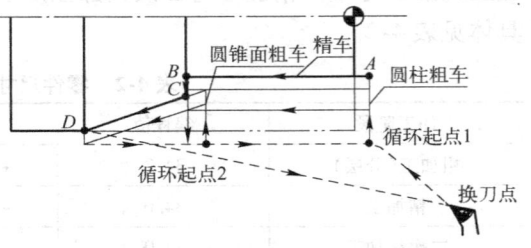

图4-7 带锥度台阶零件基点坐标及加工路线

表4-4 程序卡（供参考）

主程序		
用自定心卡盘夹持毛坯外圆左端，找正并夹牢，车右端外轮廓		
程序号	程 序	简 要 说 明
	O4001；	程序名
N010	G21 G97 G99 G40；	程序初始化
N020	T0101 M03 S600；	主轴正转，选择1号95°外圆粗车刀
N030	G00 X54.0 Z2.0 M08；	快速进给至循环起点1，切削液开
N040	G90 X44.0 Z-24.9 F0.3；	用G90指令粗车右端外圆柱面，外圆留0.3mm精车余量
N050	X38.0；	
N060	X34.3；	
N070	G00 X54.0 Z-22.0；	快速进给至循环起点2
N080	G90 X54.0 Z-40.0 R-6.0；	用G90指令粗车右端外圆锥面，留0.3mm精车余量
N090	X50.3；	
N100	G00 X100.0 Z100.0；	快速返回刀具换刀点
N110	M05；	停主轴
N120	M00；	程序暂停，测量工件尺寸
N130	T0202 M03 S1000；	选择2号95°外圆精车刀，主轴换转速1000r/min
N140	G00 X54.0 Z2.0；	快速进给至循环起点1

(续)

程序号	程　序	简 要 说 明
N150	G42 X34.0；	精车右端外轮廓
N160	G01 Z-25.0 F0.1；	
N170	X40.0；	
N180	X50.0 Z-40.0；	
N190	G40 G00 X100.0 Z100.0 M05；	返回刀具换刀点，停主轴
N200	M09；	切削液关
N210	M30；	程序结束

7. 注意事项

1）自动加工中，将屏幕显示切换至程序检视界面，单段运行程序，发现问题及时按下【RESET】键复位。

2）在粗、精加工中磨耗值设为 0.3mm，在二次精加工时根据工件外圆的实测值修调。

3）加工时，操作者应全神贯注，密切注意加工情况，两只手分别控制【循环启动】按钮及【复位】键，发生问题及时处理，紧急情况下，按【急停】按钮。

第二节　单一固定循环 G94 车削端面

学习目标

1. 能合理确定简单盘类零件的加工方案，合理选择加工工艺路线。
2. 掌握端面切削单一固定循环 G94 的指令格式、功能及使用方法。
3. 正确理解循环加工轨迹，合理确定循环参数，特别是 R 值。
4. 掌握机夹端面车刀的相关知识，合理选择切削用量。
5. 能够根据加工要求完成端面零件的编程与加工。

一、端面切削单一固定循环指令 G94

1. 平端面切削循环

（1）指令格式

G94 X(U)__ Z(W)__ F __；

说明：X、Z 取值为端柱面切削终点坐标值。

U、W 取值为端柱面切削终点相对循环起点的距离。

F 为循环切削过程中的进给速度。

（2）功能　该指令用于一些长度短、端面直径大的垂直端面加工，直接从余量较大的毛坯或棒料车削零件时进行的粗加工，以去除大部分毛坯余量。

（3）指令说明　平端面切削循环的运动轨迹如图 4-8 所示。刀具从循环起点开始以 G00 方式快速到达指令中的 Z 坐标处（切削始点），再以 G01 的方式切削进给至终点坐标处（切削终点），并以 G01 的方式切削至循环起点的 Z 坐标处，再以 G00 方式返回循环起始点。

G94 指令车削过程是先向 Z 方向进一个背吃刀量，然后向 X 方向切削，最后退刀，而 G90 指令正好相反，先向 X 方向进一个背吃刀量，然后向 Z 方向切削，最后退刀。

（4）循环起点的确定 端面切削的循环起点取值同 G90 循环。在加工外圆表面时，该点离毛坯右端面 2～3mm，比毛坯直径大 1～2mm；在加工内孔时，该点离毛坯右端面 2～3mm，比毛坯内径小 1～2mm。

2. 圆锥端面切削循环

（1）指令格式

G94 X(U)__ Z(W)__ R__ F__;

说明：X、Z、U、W、F 含义同前。

R 是端面切削始点至终点在 Z 轴方向的坐标距离。

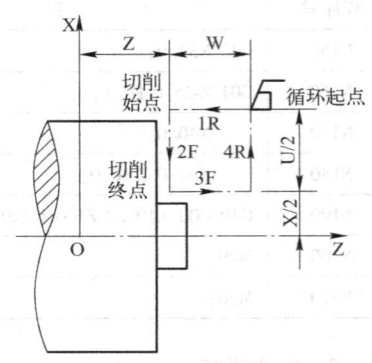

图 4-8 平端面切削循环轨迹

（2）功能 该指令用于一些长度短、端面直径大的锥形端面加工，直接从余量较大的毛坯或棒料车削零件时进行的粗加工，以去除大部分毛坯余量。

（3）指令的运动轨迹与工艺分析 圆锥端面切削循环的运动轨迹如图 4-9 所示。刀具从循环起点开始按梯形 1R→2F→3F→4R 循环，最后又回到循环起点。图中虚线表示按 R 快速移动，实线表示按 F 指定的工作进给速度移动。

（4）R 值的确定 实际加工中，考虑 G00 进刀的安全性，循环起点一般比毛坯直径大 2mm，为避免锥度误差，需重新计算 R 值，如图 4-10 所示。

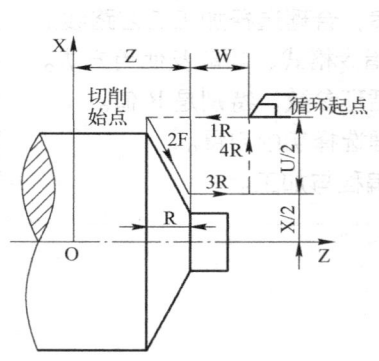

图 4-9 圆锥端面切削循环轨迹

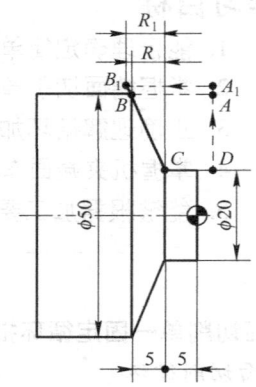

图 4-10 圆锥端面切削循环 R 值计算

G94 指令中 R 值的计算与 G90 指令中 R 值的计算类似。根据相似三角形原理，对应边长成比例，即

$$R_1/R = A_1D/AD$$

$$R_1 = R \times (AD + AA_1)/AD = -5\text{mm} \times (15 + 0.75)\text{mm}/15\text{mm} = -5.25\text{mm}$$

（5）分层加工终点坐标的确定 如图 4-10 所示，采用平行法车圆锥端面。在车圆锥端面时应按照最大切除余量确定进给次数，避免第一刀的背吃刀量过大。粗加工背吃刀量取 2mm，精加工余量为 0.2mm，根据 Z 向最大切除余量 10mm 确定分层切削粗加工次数为 5

次。分层切削起点的 Z 坐标见表 4-5，表中终点 Z 坐标值＝起点 Z 坐标＋R 值。

表 4-5　圆锥端面分层切削加工终点坐标的确定

进给	圆锥端面起点坐标	圆锥端面终点坐标	程序段
粗加工第一刀	51.5，-2.25	20.3，3.0	G94 X20.3 Z3.0 R-5.25 F0.2
第二刀	51.5，-4.25	20.3，1.0	G94 X20.3 Z1.0 R-5.25 F0.2
第三刀	51.5，-6.25	20.3，-1.0	G94 X20.3 Z-1.0 R-5.25 F0.2
第四刀	51.5，-8.25	20.3，-3.0	G94 X20.3 Z-3.0 R-5.25 F0.2
第五刀	51.5，-10.05	20.3，-4.8	G94 X20.3 Z-4.8 R-5.25 F0.2
精加工进给	51.5，-10.25	20.0，-5.0	G94 X20.0 Z-5.0 R-5.25 F0.1

（6）编程实例

例： 试用 G94 指令编写图 4-10 所示工件的加工程序。

程序	说明
O0002；	
T0101 M03 S500；	选择 1 号刀并调用 1 号刀补，主轴正转，转速 500r/min
G00 X51.5 Z3.0；	快速进给至循环起点
G94 X20.3 Z3.0 R-5.25 F0.2；	调用 G94 循环车削斜端面，X 向留 0.3mm 精加工余量
Z1.0；	模态调用，下同
Z-1.0；	
Z-3.0；	
Z-4.8；	Z 向留 0.2mm 精加工余量
G94 X20.0 Z-5.0 R-5.25 F0.1 S1000；	精加工
G00 X100.0 Z100.0；	退刀
M30；	程序结束

二、使用单一固定循环（G90、G94）时的注意事项

1）对于固定循环 G90、G94 应根据坯件的形状和工件的加工轮廓进行适当的选择，一般情况下的选择如图 4-11 所示。

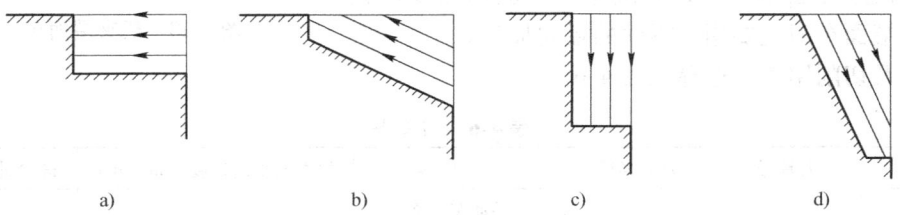

图 4-11　单一固定循环的选择
a）圆柱面切削循环 G90　b）圆锥面切削循环 G90(R)　c）平端面切削循环 G94　d）圆锥端面切削循环 G94(R)

2）由于 X、U、Z、W 和 R 的数值在固定循环期间是模态的，所以，如果没有重新指令 X、U、Z、W 和 R，则原来指定的数据有效。

3）对于圆锥切削循环中的 R，在 FANUC 系统的数控车床上，有时也用 I 或 K 来执行 R 的功能。

4）如果在使用固定循环的程序段中指定了 EOB 或零运动指令，则重复执行同一固定循环。

5）如果在固定循环方式下，又指令了 M、S、T 功能，则固定循环和 M、S、T 功能同时完成。

6）如果在单段运行方式下执行循环，则每一循环分 4 段进行，执行过程中必须按 4 次【循环启动】按钮。

三、盘类零件的编程及加工操作方法

在数控车床上完成图 4-12 所示零件的加工，毛坯尺寸为 $\phi 60mm \times 25mm$，材料为 45 钢。

1. 分析零件图

该零件为一个比较简单的小盘类零件，尺寸精度和表面粗糙度要求不高，零件由简单圆柱、圆锥面组成。

2. 工艺分析

1）该零件右端加工左端不加工，可在一次装夹中完成零件车削。

2）零件右端轮廓直径方向加工余量大于轴向加工余量，对于这类零件使用 G90 指令就不太合适了。应采用 G94 指令进行粗车，这样加工程序和加工效率就明显提高了。

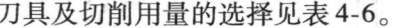

图 4-12 单一固定循环 G94 编程实例图

3）外圆柱面和圆锥面可分段进行粗加工，最后按轮廓表面进行精加工。

4）装夹加工时，将工件坐标系原点设定在其装夹后的工件右端面中心上。工件加工程序换刀点都设在（X100.0，Z100.0）的位置上。

3. 刀具及切削用量的选择

盘类零件可使用如图 4-13 所示机夹端面车刀。机夹端面车刀和外圆车刀类似，刀片的形状、角度都一样，只是使用方法不一样，外圆车刀一般用在零件轴向加工，端面车刀主要用在零件的径向加工。

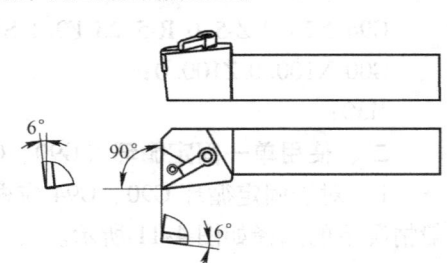

图 4-13 机夹端面车刀

刀具及切削用量的选择见表 4-6。

表 4-6 刀具卡

刀具名称	刀具号	刀尖半径	加工内容	恒表面切削速度/(m/min)	进给量/(mm/r)
端面车刀	T0101	0.4 mm	手动车端面	150	0.3
端面车刀	T0101	0.4 mm	粗车端面轮廓	150	0.3
端面车刀	T0202	0.2 mm	精车端面轮廓	200	0.1

4. 量具选择

加工中使用的量具见表 4-7。

表 4-7　量具清单

序号	名称	规格	分度值	数量	备注
1	游标卡尺	0~150mm	0.02mm	1	
2	游标深度卡尺	0~200mm	0.02mm	1	
3	游标万能角度尺	0°~320°	2′	1	

5. 数值计算

零件轮廓连接处各基点坐标值已给出，如图4-14所示。换刀点(100.0,100.0)、循环起点$E(62.0, 2.0)$、循环起点$F(42.0,2.0)$、$A(0,0)$、$B(40.0, -5.0)$、$C(40.0, -10.0)$、$D(60.0, -10.0)$。

6. 工件参考程序（表4-8）

7. 注意事项

1）为保证零件端面加工的表面粗糙度要求，在精加工中使用恒表面切削速度功能编程。

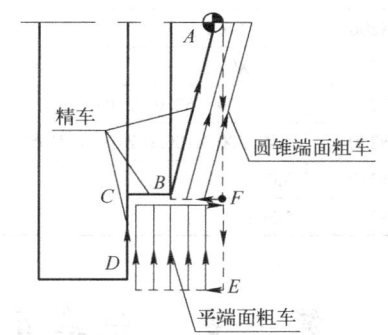

图 4-14　盘类零件基点坐标及加工路线

2）车削盘类零件时应注意编程时循环起点的位置，以防机床碰撞。

3）车削端面时，车刀一定要锋利，防止车出凸凹不平的端面。

4）工件加工过程中，要注意检验工件质量，如果加工质量出现异常，应立即停止加工。

表 4-8　程序卡（供参考）

主程序		
用自定心卡盘夹持毛坯外圆左端，找正并夹牢，车右端外轮廓		
程序号	程　　序	简　要　说　明
	O4002；	程序名
N010	G21 G97 G99 G40；	程序初始化
N020	T0101 M03 S600；	主轴正转，选择1号端面粗车刀
N030	G00 X62.0 Z2.0 M08；	快速进给至循环起点E，切削液开
N040	G50 S2000；	限定最高转速2000r/min
N050	G96 S150	启用恒表面切削速度功能，切削速度150m/min
N060	G94 X40.5 Z-2.0 F0.3；	用G94指令粗车平端面，留0.2mm精车余量
N070	Z-4.0；	
N080	Z-6.0；	
N090	Z-8.0；	
N100	Z-9.8；	
N110	G00 X42.0 Z2.0；	快速进给至循环起点F
N120	G94 X0 Z3.0 R-5.25；	用G94指令粗车圆锥端面，留0.2mm精车余量
N130	Z1.0；	
N140	Z0.2	
N150	G00 X100.0 Z100.0；	返回刀具换刀点

(续)

程序号	程　　序	简　要　说　明
N160	T0202 S200;	选择2号端面车刀，切削速度200m/min
N170	G00 X62.0 Z2.0;	快速进给至循环起点1
N180	G41 Z-10.0;	进刀至精车切入点
N190	G01 X40.0 F0.1;	精车右端面轮廓
N200	Z-5.0;	
N210	X0 Z0;	
N220	G97 G00 X62.0 Z2.0;	退刀，取消恒表面切削速度
N230	G40 G00 X100.0 Z100.0 M05;	返回刀具换刀点，停主轴
N240	M09;	切削液关
N250	M30;	程序结束

第三节　粗车复合循环 G71 车削内、外轮廓

学习目标

1. 能合理确定较复杂轴类和套类零件的加工方案，合理选择加工工艺路线。
2. 掌握复合循环 G71、G70 的指令格式、功能及使用方法。
3. 正确理解 G71 指令参数的含义和循环加工轨迹的特点，并能合理确定循环参数。
4. 掌握内孔的加工工艺。
5. 了解内孔加工刀具的角度及安装注意事项。
6. 掌握内孔的测量方法。
7. 能够根据加工要求完成复杂轴类和套类零件的编程与加工。

一、外圆粗、精车复合循环指令 G71、G70

1. 粗车复合循环 G71

（1）指令格式

G71 U (Δd) R (e);
G71 P (ns) Q (nf) U (Δu) W (Δw) F __ S __ T __ ;

其中：
N ns ……;
……;
F __
S __
T __
N nf ……;

（从顺序号 ns 到 nf 的程序段，指定 A 至 B 间的移动指令用以描述精加工轮廓）

Δd：X 向每次背吃刀量（半径值指定），不指定正负符号，且为模态值；由 FANUC 系统参数（NO.0717）指定。

e：退刀量（半径值指定），其值为模态值，由 FANUC 系统参数（NO.0718）指定。

ns：精加工形状程序的第一个段号。

nf：精加工形状程序的最后一个段号。

Δu：X 方向精加工余量的距离及方向（直径值指定），该加工余量具有方向性，即外圆的加工余量为正，内孔加工余量为负。

Δw：Z 方向精加工余量的距离及方向。

F、S、T：粗加工循环中的进给速度、主轴转速与刀具功能。

（2）功能　适用于棒料毛坯粗车外圆或粗车内孔，以切除毛坯的较大余量。

（3）指令的运动轨迹及工艺说明　G71 粗车循环的运动轨迹如图 4-15 所示。首先根据用户编写的精加工轮廓，在预留出 X 和 Z 向精加工余量 Δu 和 Δw 后，计算出粗加工实际轮廓的各个坐标值。刀具按层切法将余量去除（刀具向 X 向进给 Δd，切削外圆后按 e 值 45°退刀，循环切削直至粗加工余量全部被切除）。此时工件斜面部分形成台阶状表面，然后再按精加工轮廓光整表面，最终形成在工件 X 向留有 Δu 余量、Z 向留有 Δw 余量的轴。

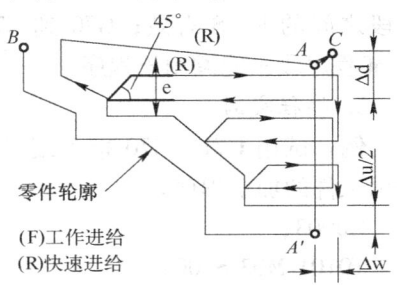

图 4-15　G71 粗车循环轨迹

G71 指令中的 F 和 S 值是指粗加工循环中的 F 和 S 值，该值一经指定，则在程序段段号 ns 和 nf 之间所有的 F 和 S 值均无效。另外，该值也可以不加指定而沿用前面程序段中的 F 值，并可沿用至粗、精加工结束后的程序中去。

在 FANUC 系统中，G71 粗加工循环所加工的轮廓外形必须为单调递增或单调递减的形式，否则会产生凹形轮廓不是分层切削，而是在半精加工时一次性切削的情况，如图 4-16 所示。当加工图示凹轮廓 A→B→C 段时，阴影部分的加工余量在粗车循环时，因其 X 向的递增与递减形式并存，故无法进行分层切削而在半精车时一次性进行切削。

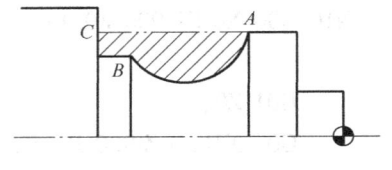

图 4-16　粗车凹槽

另外，在粗车削循环过程中，刀尖半径补偿功能无效。

对于 G71 指令中的 ns 程序段，应特别注意其书写格式，如下例所示：

N100 G01 X30.0;　　　　　正确的 ns 程序段

N100 G01 X30.0 Z2.0;　　　错误的 ns 程序段，程序段中出现了 Z 坐标字

（4）循环起点的确定　G71 指令的循环起点，通过刀具运动轨迹分析可知，应尽量放在靠近毛坯处，以缩短加工行程及避免空行程。加工外轮廓时，Z 向应离开加工部位 1～2mm，X 向可略大于或等于毛坯外圆直径。对于内轮廓，X 向可略小于底孔直径。

2. 精车循环（G70）

（1）指令格式

G70 P(ns) Q(nf);

其中：ns 为精加工形状程序的第一个段号。
nf 为精加工形状程序的最后一个段号。

（2）功能 使用 G71、G72、G73 指令完成零件的粗车加工之后，可以用 G70 指令进行精加工，切除粗车循环中留下的余量。

（3）指令的运动轨迹及工艺说明 执行 G70 循环时，刀具沿工件的实际轮廓进行切削，如图 4-15 中轨迹 A′→B 所示。循环结束后刀具返回循环起点。

G70 指令用在 G71、G72、G73 指令的程序内容之后，不能单独使用。

在 G71 程序段中规定的 F、S 对于 G70 无效，但在执行 G70 时顺序号 ns 至 nf 程序段之间的 F、S 有效；G70 到 G71 中 ns 至 nf 程序段不能调用子程序。

3. 编程实例

例：试用 G71、G70 指令编写图 4-17 所示工件的加工程序。

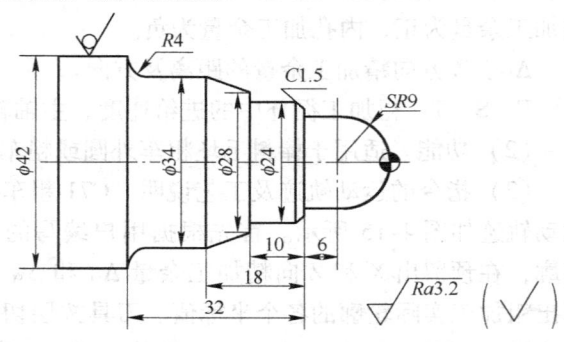

图 4-17 G71 复合循环实例图

O0003;
T0101 M03 S800;   选择 1 号刀并调用 1 号刀补，主轴正转，转速 800r/min
G00 G99 X44.0 Z2.0;   快速进给至循环起点
G71 U3.0 R0.5;   加工参数设定，每次背吃刀量 3mm，退刀量 0.5mm
G71 P10 Q20 U0.3 W0.1 F0.2;   X 向精加工余量 0.3mm，Z 向 0.1mm，粗切进给量 0.2mm/r
N10 G00 X0 S1000 F0.1;   进刀至切入点，精加工进给量 0.1mm/r，精加工转速为 1000r/min
    G01 Z0;
    G03 X18.0 Z-9.0 R9.0;
    G01 Z-15.0;
        X24.0 C1.5;
        W-10.0;   ⎫
        X28.0;   ⎬ 加工轮廓描述
        X34.0 W-8.0;   ⎭
        W-10.0;
    G02 X42.0 W-4.0 R4.0;
N20 G01 X44.0;
G70 P10 Q20;   精加工
G00 X100.0 Z100.0;   退回换刀点
M30;   程序结束

二、内孔粗车复合循环指令 G71

G71 粗车复合循环指令除了用于外圆轮廓加工，同样可用于加工内孔轮廓，如图 4-18 所示。

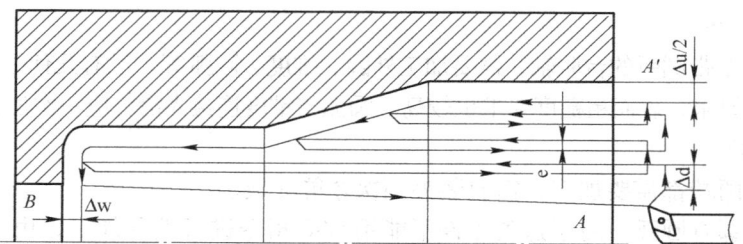

图 4-18　G71 内孔循环指令加工路线

用 G71 加工内孔轮廓时指令中各参数的含义与其用于加工外圆时相同，但应注意的一点是精加工余量 U（Δu）中的 Δu 应取负值。内孔加工时，注意循环起点的 X 坐标应小于切削内孔的直径，但不能过小，否则退刀时刀杆的另一侧面会与内孔表面发生碰撞，一般小于毛坯孔直径 0.5～1mm 即可。

三、精加工余量的确定

（1）精加工余量的概念　精加工余量是指精加工过程中，所切去的金属层的厚度。通常情况下，精加工余量由精加工一次切削完成。

（2）精加工余量的影响因素　精加工余量的大小对零件的加工最终质量有直接影响。选取的精加工余量不能过大，也不能过小，余量过大会增加切削力、切削热的产生，进而影响加工精度和加工表面质量；余量过小则不能消除上道工序（或工步）留下的各种误差、表面缺陷和本工序的装夹误差，容易造成废品。因此，应根据影响余量大小的因素合理地确定精加工余量。

影响精加工余量大小的因素主要有两个：上道工序（或工步）的各种表面缺陷、误差和本工序的装夹误差。

（3）精加工余量的确定方法　确定精加工余量的方法主要有以下三种：

1）经验估算法。此法是凭工艺人员的实践经验估计精加工余量。为避免因余量不足而产生废品，所估余量一般偏大，此法仅用于单件小批量生产。

2）查表修正法。将工厂生产实践和试验研究积累的有关精加工余量的资料制成表格，并汇编成手册。确定精加工余量时，可先从手册中查得所需数据，然后再结合实际情况进行适当修正。这种方法目前应用最广。

3）分析计算法。采用此法确定精加工余量时，需运用计算公式和一定的试验资料，对影响精加工余量的各项因素进行综合分析和计算来确定其精加工余量。用这种方法确定的精加工余量比较经济合理，但必须有比较全面和可靠的试验资料，目前，只在材料十分贵重、军工生产或其他少数情况下采用。

四、外圆弧轴的编程及加工操作方法

在数控车床上完成图 4-19 所示外圆弧轴零件的加工，毛坯尺寸为 $\phi 40$mm × 85mm，材料为 45 钢。

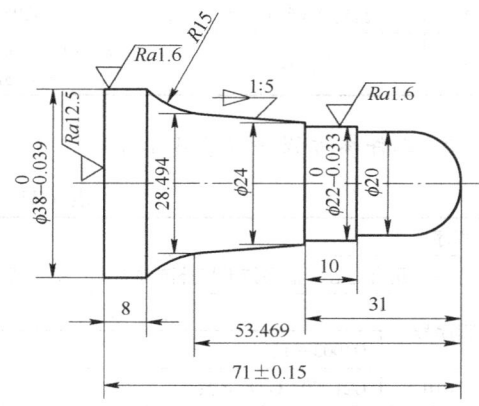

图 4-19　外圆弧轴零件编程实例图

1. 分析零件图

该零件为一个带圆弧的台阶轴,需要加工外圆、锥度、圆弧等。没有几何公差要求,表面有严格的尺寸精度要求,表面粗糙度要求也较高。圆弧与锥度连接光滑,应一次加工出来。

2. 工艺分析

1)该零件两端都需要加工,需要装夹两次才能完成。

2)零件轮廓有圆弧,对于这类零件不能用 G90 指令进行编程加工,由于零件外径尺寸逐渐递增,所以应采用 G71、G70 复合循环指令进行编程加工。

3)零件先加工右端,用 G71 循环完成外圆、锥度、圆弧的粗加工,再用 G70 循环完成精加工。最后,调头装夹 $\phi38_{-0.039}^{0}$ mm 外圆控制总长。

4)每次装夹加工都将工件坐标系原点设定在装夹后的工件右端面中心上。工件加工程序换刀点都设在(X100.0,Z100.0)的位置上。

3. 刀具选择及工件装夹方法

(1)刀具及切削用量的选择(表4-9)

表4-9 刀具卡

刀具名称	刀具号	刀尖半径	加工内容	主轴转速/(r/min)	进给量/(mm/r)
端面车刀	T0101	0.4mm	车两端面及控制总长	800	0.3
93°外圆车刀	T0202	0.4mm	粗车外轮廓	800	0.2
93°外圆车刀	T0303	0.2mm	精车外轮廓	1200	0.1

(2)工件装夹方法 工件采用通用自定心卡盘进行定位与装夹,工件第一次装夹伸出卡爪端面外长度约73mm,掉头第二次装夹 $\phi38_{-0.039}^{0}$ mm 外圆控制总长。

4. 量具选择

加工中使用的量具见表4-10。

表4-10 量具清单

序号	名称	规格	分度值	数量	备注
1	游标卡尺	0~150mm	0.02mm	1	
2	游标深度卡尺	0~200mm	0.02mm	1	
3	外径千分尺	$\phi25~\phi50$mm	0.01mm	1	
4	游标万能角度尺	0°~320°	2′	1	
5	半径样板	$R7~R14.5$mm, $R15~R24.5$mm	—	各1	

5. 工件参考程序(表4-11)

表4-11 程序卡(供参考)

主程序			
工序一:用自定心卡盘夹持毛坯外圆并夹牢,粗、精车右端轮廓			
程序号	程 序		简 要 说 明
	O4003—1;		程序名
N010	G21 G97 G99 G40;		程序初始化
N020	T0202 M03 S800;		主轴正转800r/min,选择2号93°外圆车刀

(续)

程序号	程序	简要说明
N030	G00 X42.0 Z2.0;	快速定位至φ42mm直径，距端面正向2mm
N040	G71 U3.0 R0.5;	用G71复合循环粗车右端轮廓
N050	G71 P60 Q160 U0.3 W0.1 F0.2;	
N060	G00 G42 X0;	右端轮廓精加工程序
N070	G01 Z0 S1200 F0.1;	
N080	G03 X20.0 Z-10.0 R10.0;	
N090	G01 Z-21.0;	
N100	X22.0;	
N110	Z-31.0;	
N120	X24.0;	
N130	X28.494 Z-53.469;	
N140	G02 X38.0 W-9.531 R15.0;	
N150	G01 Z-71.0;	
N160	G40 X40.0;	
N170	G00 X100.0 Z100.0;	退到换刀点
N180	T0303;	换3号刀
N190	G00 X42.0 Z2.0;	快速定位到精车起点
N200	G70 P60 Q160;	G70精车指令
N210	G00 X100.0 Z100.0 M05;	返回刀具换刀点，停主轴
N220	M30;	程序结束

工序二：掉头用自定心卡盘装夹车总长

程序号	程序	简要说明
	O4003—2;	程序名
N010	G21 G97 G99 G40;	程序初始化
N020	T0101 M03 S800;	主轴正转800 r/min，选择1号端面车刀
N030	G00 X42.0 Z10.0;	快速定位至φ42mm直径，距端面正向10mm
N040	G94 X0 Z5.0 F0.3;	用G94端面固定循环车工件总长
N050	Z3.0;	
N060	Z1.0;	
N070	Z0;	
N080	G00 X100.0 Z100.0 M05;	返回刀具换刀点，停主轴
N090	M30;	程序结束

6. 注意事项

1）使用G71粗车复合循环指令时，ns程序段内不能有Z轴移动。

2）在粗车完手动退刀测量工件尺寸后，用G70精车前刀具应回到循环起点上，否则会碰到工件。

3) 注意正确使用刀尖圆弧半径补偿指令。

4) 工件加工过程中,要注意检验工件质量,如果加工质量出现异常,应立即停止加工。

五、孔加工工艺及内孔测量

1. 孔类零件的结构工艺特点

孔类零件主要由孔、外圆与端面所组成。除尺寸精度、表面粗糙度有要求外,其外圆对孔有径向圆跳动的要求,端面对孔有端面圆跳动的要求,因此保证径向圆跳动和端面圆跳动是制定盘套类零件的加工工艺时应重点考虑的问题。

孔类零件在车削工艺上的特点主要是加工孔比加工外圆要困难许多,具体体现在以下几个方面:

1) 孔加工较外圆车削而言,不易观察刀具切削情况,尤其在孔小而深时更困难。

2) 由于受孔径大小的影响,内孔刀具刚性较差,容易在加工中出现振动等现象。

3) 加工孔尤其是加工不通孔时,切屑难以排出。

4) 切削液难以到达切削区域。

5) 内孔的测量比较困难。

孔类零件在加工时一般切削力变化较大,零件易变形,不宜选用较大的切削用量。

2. 孔类零件的装夹

(1) 一次装夹 在加工数量较少、零件精度要求较高时,可以按工序集中的原则,在毛坯上留有足够的夹持位置,采用一次装夹方式装夹工件,将工件全部或大多数关键部分加工完毕,来保证零件的几何公差要求。

(2) 以孔为基准装夹 当轴套类零件的外圆形状复杂而内孔相对比较简单时,可以先将孔加工至图样要求再按孔的尺寸配置心轴,以内孔为定位基准套在心轴上加工,从而保证工件的同轴度和垂直度等位置精度。常用的心轴有圆柱心轴、带台阶心轴、小锥度心轴和胀力心轴等。

(3) 以外圆为基准装夹 当盘套类零件的内孔形状较复杂而外圆相对比较简单时,在车床上可以先加工外圆至尺寸要求,再以外圆为装夹基准加工其他部位,从而保证零件的位置精度。用软卡爪或弹簧套筒装夹,能有效缩短工件的装夹找正时间,当装夹表面是以软金属为加工表面或材料,不会夹伤零件表面。

3. 车孔的关键技术

车孔是常用的孔加工方法之一,可用作粗加工,也可用作精加工。车孔精度一般可达IT7~IT8,表面粗糙度为 $Ra1.6~3.2\mu m$。车孔的关键技术是解决内孔车刀的刚性问题和内孔车削过程中的排屑问题。

(1) 增加内孔车刀的刚性可采取的措施

1) 尽量增加刀杆的横截面积。通常内孔车刀的刀尖位于刀杆的上面,这样刀杆的截面积较小,还不到孔截面积的1/4,若使内孔车刀的刀尖位于刀杆的中心线上,那么刀杆在孔中的截面积可大大增加。

2) 尽量缩短刀杆的伸出长度,以增加车刀刀杆的刚性,减小切削过程中的振动。一般情况下刀杆只要比所加工的内孔深度略长即可。

(2) 解决排屑问题 孔加工时,切屑如果不能顺利排出,则可能划伤已加工表面,严重时切屑会堵塞内孔使刀具损伤。解决问题的办法是：正确选择刀具刃倾角以控制切屑的流出方向。如精加工通孔时可以采用前排屑方式使切屑流向待加工表面，应采用正刃倾角的内孔车刀；加工不通孔时，可以采用后排屑方式使切屑流向已加工表面，则应采用负刃倾角的内孔车刀。

4. 内孔加工刀具

根据不同的加工情况，内孔车刀可分为通孔车刀（见图 4-20a）和不通孔车刀（见图 4-20b）两种。

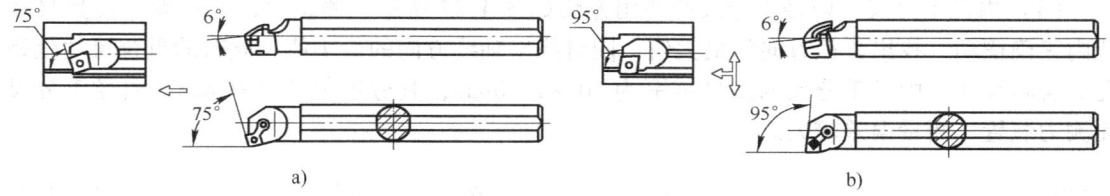

图 4-20　内孔机夹车刀
a) 通孔车刀　b) 不通孔车刀

1）通孔车刀。为了减小背向力，防止震动，通孔车刀的主偏角一般取 60°～75°，副偏角取 15°～30°。为了防止内孔车刀后刀面和孔壁摩擦，一般制成圆弧后角。

2）不通孔车刀。不通孔车刀是用来车不通孔或台阶孔的，它的主偏角取 90°～93°。刀尖在刀杆的最前端，刀尖与刀杆外端的距离应小于内孔半径，否则孔的底平面就无法车平。

5. 内孔测量

孔径尺寸精度要求较低时，可采用钢直尺、内卡钳或游标卡尺测量；精度要求较高时，可用内径千分尺或内径指示表测量；标准孔还可以采用塞规测量。

（1）游标卡尺　游标卡尺测量孔径尺寸的测量方法如图 4-21 所示，测量时应注意尺身与工件端面平行，活动测量爪沿圆周方向摆动，找到最大位置。

（2）塞规　塞规由通端、止端和手柄组成，如图 4-22 所示。通端的尺寸等于孔的下极限尺寸。止端的尺寸等于孔的上极限尺寸。为了明显区别通端与止端，塞规止端长度比通端要短一些。测量时，通端通过，而止端不能通过，说明尺寸合格。测量不通孔的塞规应在外圆上沿轴向开有排气槽。

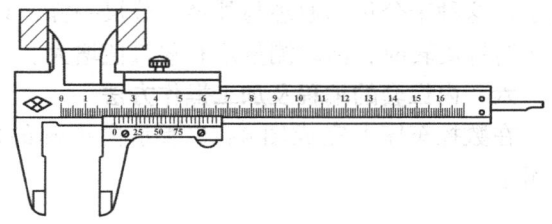

图 4-21　用游标卡尺测量内孔

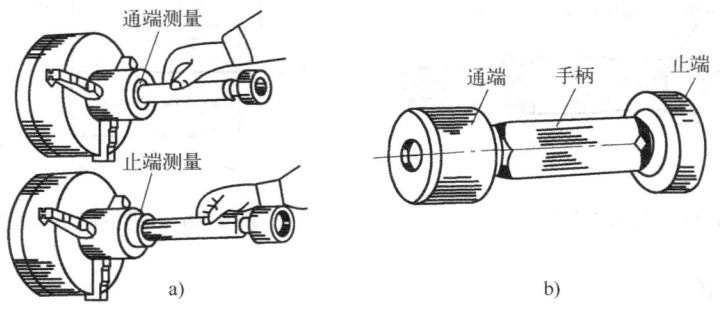

图 4-22　塞规及其使用
a) 测量方法　b) 塞规结构

用塞规测量孔径时，应保持孔壁清洁，塞规不能倾斜，以防造成孔小的错觉，把孔径车大。相反，在孔径小的时候，不能用塞规硬塞，更不能用力敲击。从孔内取出塞规时，要防止与内孔壁碰撞。孔径温度较高时，不能用塞规立即测量，以防工件冷缩把塞规"咬住"。

（3）内径指示表　用内径指示表可测量孔径。内径指示表是将指示表装夹在测架上构成的。测量前先根据被测工件孔径大小更换固定测量头，用千分尺将内径指示表对准"零"位。测量方法如图4-23所示，摆动百分表取最小值为孔径的实际尺寸。

（4）内径千分尺　内径千分尺的使用方法如图4-24所示，测量时，操作者应使量具在孔内正确摆动，找出直径方向的最大值，同时找出轴线方向的最小值。此时的重合尺寸就是孔的实际尺寸。内径千分尺的测量范围为 50～1500mm，其分度值为 0.01mm。内径千分尺无测力装置，测量误差较大。

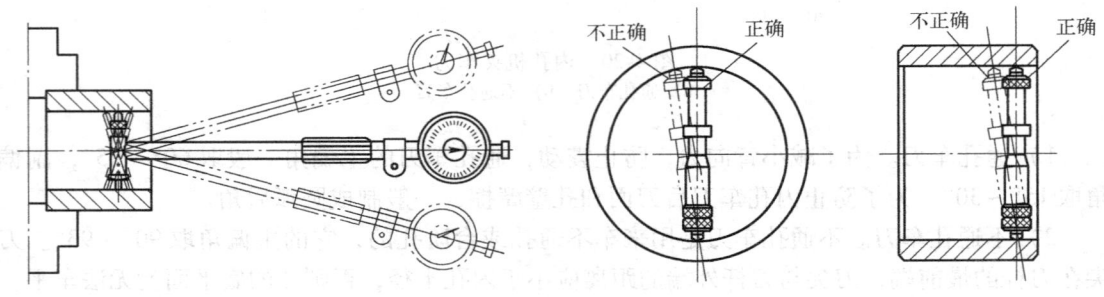

图4-23　内径指示表的测量方法　　　　　　图4-24　内径千分尺

（5）内测千分尺　当测量的孔径小于25mm时，常用内测千分尺进行测量，如图4-25所示，这种千分尺的原理与外径千分尺一样，只是它的刻线方向与外径千分尺相反。当微分筒顺时针旋转时，活动测爪右移量值增大。

六、内锥套的编程及加工操作方法

在数控车床上完成图4-26所示内锥套的加工，毛坯尺寸为 $\phi 45\text{mm} \times 45\text{mm}$，材料为45钢。

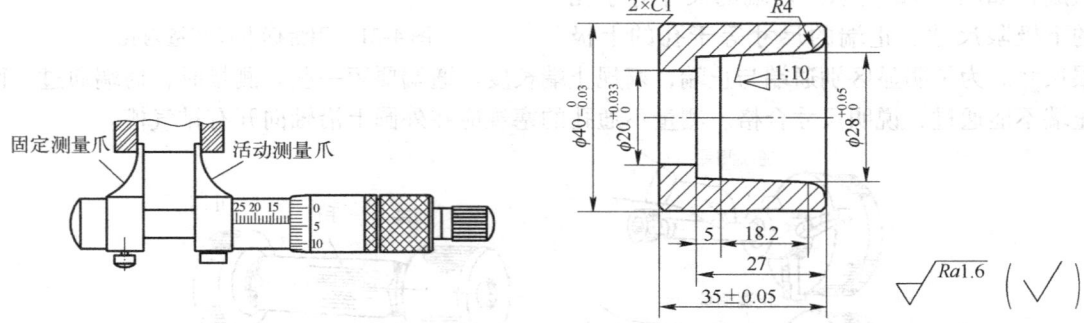

图4-25　内测千分尺　　　　　　图4-26　外圆弧轴零件编程实例图

1. 分析零件图

该零件为一个带圆弧的内锥套，外形轮廓简单，内轮廓有内孔、内圆锥、内圆弧等。没有几何公差要求，表面有严格的尺寸精度要求，表面粗糙度要求也较高。内圆弧与内锥度连接光滑，应一次加工出来。

2. 工艺分析

1）该零件两端都需要加工，需要装夹两次才能完成。

2）零件先加工右端外形，然后分别用 G71、G70 循环依次完成内轮廓 R4mm 圆角、锥度 1:10 及 $\phi20^{+0.033}_{0}$mm 内孔，最后，掉头装夹 $\phi40^{0}_{-0.03}$mm 外圆控制总长（35±0.05）mm。内孔粗、精加工的循环起点为（17.0，2.0）。

3）每次装夹加工都将工件坐标系原点设定在其装夹后的工件右端面中心上。工件加工程序换刀点都设在（X100.0，Z100.0）的位置上。

3. 刀具选择及工件装夹方法

（1）刀具及切削用量的选择（表4-12）

表4-12 刀具卡

刀具名称	刀具号	刀尖半径	加工内容	主轴转速/(r/min)	进给量/(mm/r)
端面车刀	T0101	0.4mm	车端面及控制总长	800	0.3
93°外圆车刀	T0202	0.4mm	车外轮廓	800,1000	0.2,0.1
内孔车刀	T0303	0.4mm	粗车内轮廓	600	0.2
内孔车刀	T0404	0.2mm	精车内轮廓	800	0.1
ϕ18mm 麻花钻			钻孔	400	手动

（2）内孔车刀装夹

1）安装时，刀尖对准工件中心，精车刀可略高于中心。

2）安装时刀杆应与工件内孔轴线平行。

3）安装时刀杆尽量向 X 轴负方向装夹，防止 X 轴负方向超程。

4）刀杆伸出长度尽可能短一些，比孔长 5~10mm 左右即可。

5）装夹后，让车刀在孔内试切一遍，检查刀杆与孔壁是否相碰。

（3）工件装夹 工件采用自定心卡盘进行定位与装夹，工件第一次装夹伸出卡爪端面外长度约37mm，掉头第二次装夹 $\phi40^{0}_{-0.03}$mm 的外圆控制总长。

4. 量具选择

加工中使用的量具见表4-13。

表4-13 量具清单

序号	名称	规格	分度值	数量	备注
1	游标卡尺	0~150mm	0.02mm	1	
2	游标深度卡尺	0~200mm	0.02mm	1	
3	外径千分尺	0~ϕ25mm、ϕ25~ϕ50mm	0.01mm	1	
4	内径指示表	ϕ18~ϕ35mm	0.01mm	1	
5	游标万能角度尺	0°~320°	2′	1	
6	半径样板	R1~R6.5mm		1	

5. 工件参考程序（表 4-14）

表 4-14　程序卡（供参考）

主程序

工序一：用自定心卡盘夹持毛坯外圆，伸出卡爪端面长度约 37mm 并夹牢，手动车端面，钻孔 φ18mm，粗、精车右端内、外轮廓

程序号	程　　序	简　要　说　明
	O4004—1;	程序名
N010	G21 G97 G99 G40;	程序初始化
N020	T0202 M03 S800;	主轴正转 800r/min，选择 2 号 93°外圆车刀
N030	G00 X47.0 Z2.0 M08;	快速定位至 φ47mm 直径，距端面正向 2mm
N040	X40.3;	粗车右端外圆
N050	G01 Z-36.0 F0.2;	
N060	X45.0;	
N070	G00 Z2.0;	
N080	X38.0;	精车右端外圆
N090	G01 Z0 S1000 F0.1;	
N100	X40.0 Z-1.0;	
N110	G01 Z-36.0;	
N120	X45.0;	
N130	G00 X100.0 Z100.0;	快速退到换刀点
N140	T0303 S600;	主轴正转 600r/min，选择 3 号粗车内孔车刀
N150	G00 X17.0 Z2.0;	快速定位至内轮廓循环起点（17.0，2.0）
N160	G71 U2.0 R0.5;	用 G71 复合循环粗车右端内轮廓，留精车余量为 −0.3mm
N170	G71 P180 Q250 U-0.3 W0.1 F0.2;	
N180	G00 G41 X36.0;	右端内轮廓精加工程序
N190	G01 Z0 S800 F0.1;	
N200	G02 X28.0 Z-3.8 R4.0;	
N210	G01 X26.18 Z-22.0;	
N220	Z-27.0;	
N230	X20.0;	
N240	Z-36.0;	
N250	G40 X17.0;	
N260	G00 X100.0 Z100.0;	快速退到换刀点
N270	T0404;	换 4 号刀精车内孔车刀
N280	G00 X17.0 Z2.0;	快速定位到精车起点
N290	G70 P180 Q250;	G70 精车指令
N300	G00 X100.0 Z100.0 M05;	返回刀具换刀点，停主轴
N310	M30;	程序结束

（续）

工序二：掉头用自定心卡盘装夹 φ40mm 的外圆，找正后夹紧车总长；手动倒角、去毛刺

程序号	程　序	简　要　说　明
	O4004—2；	程序名
N010	G21 G97 G99 G40；	程序初始化
N020	T0101 M03 S800；	主轴正转 800r/min，选择 1 号端面车刀
N030	G00 X47.0 Z10.0；	快速定位至 φ47mm 直径，距端面正向 10.0mm
N040	G94 X17.0 Z5.0 F0.3；	用 G94 端面固定循环车工件总长
N050	Z3.0；	
N060	Z1.0；	
N070	Z0；	
N080	G00 X100.0 Z100.0 M05；	返回刀具换刀点，停主轴
N090	M30；	程序结束

6. 注意事项

1）在加工内轮廓时，由于内孔车刀刚性较差，应选用较小的切削用量，以防产生让刀现象。

2）内孔加工完成后，注意退刀路径，应先退 Z 轴方向再退 X 轴方向。

3）使用 G71 指令编程加工内孔时，注意编程时循环起点的位置、精车余量预留的方向、G41 的使用以及刀沿号的选择。

4）要正确使用量具对内轮廓进行测量。

第四节　粗车复合循环 G72 车削端面轮廓

学习目标

1. 能合理确定较复杂盘类零件的加工方案，合理选择加工工艺路线。
2. 掌握端面复合循环 G72 的指令格式、功能及使用方法。
3. 正确理解 G72 指令参数的含义和循环加工轨迹的特点，并合理确定循环参数。
4. 能够根据加工要求完成复杂盘类零件的编程与加工。

一、端面粗车复合循环指令 G72

1. 端面粗车复合循环指令 G72

（1）指令格式

G72 W(Δd) R(e)；

G72 P(ns) Q(nf) U(Δu) W(Δw) F__ S__ T__；

其中：

Δd：Z 方向每次的背吃刀量。不指定正负符号，且为模态值；由 FANUC 系统参数（NO.0717）指定。

e：Z 方向退刀量。其值为模态值，由 FANUC 系统参数（NO.0718）指定。

ns：精加工形状程序的第一个段号。

nf：精加工形状程序的最后一个段号。

Δu：X 方向精加工余量的距离及方向（直径值指定）。

Δw：Z 方向精加工余量的距离及方向。

F、S、T：粗加工循环中的进给速度、主轴转速与刀具功能。

（2）功能　该指令一般用于加工端面尺寸较大的零件，即所谓的盘类零件，在切削循环过程中，刀具是沿 Z 方向进刀，平行于 X 轴切削。

（3）指令的运动轨迹及工艺说明　G72 循环的加工轨迹如图 4-27 所示。首先根据用户编写的精加工轮廓，在预留出 X 和 Z 向精加工余量 Δu 和 Δw 后，计算出粗加工实际轮廓的各个坐标值。刀具按层切法将余量去除（刀具向 Z 向进给 Δd，切削端面后按 e 值 45°退刀，循环切削直至粗加工余量被切除）。此时工件斜面部分形成台阶状表面，然后再按精加工轮廓光整表面最终在工件 X 向留有 Δu 余量、Z 向留有 Δw 余量。

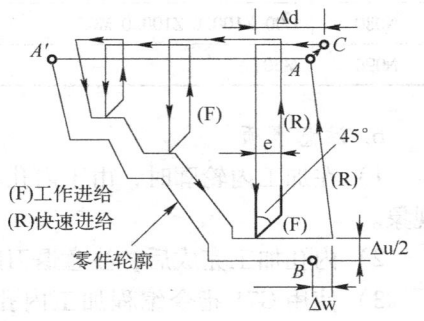

图 4-27　G72 粗车循环轨迹

G72 循环所加工的轮廓形状必须为单调递增或单调递减的形式。粗车循环过程中，从 ns 到 nf 之间的程序中的 F、S 功能均被忽略，只有 G71 指令中指定的 F、S 功能有效。在粗车削循环过程中，刀尖半径补偿功能无效。

对于 G72 指令中的 ns 程序段，同样应特别注意其书写格式，如下例所示：

N10 G01 Z-20.0;　　　　　正确的 ns 程序段

N10 G01 X40.0 Z-20.0;　　错误的 ns 程序段，程序段中出现了 X 坐标字

（4）循环起点的确定　G72 指令的循环起点应尽量放在靠近毛坯处。外轮廓加工时，Z 向离开加工部位 1~2mm，X 向可略大于或等于毛坯外圆直径。对于内轮廓，X 向可略小于底孔直径。

2. 编程实例

例：试用 G72、G70 指令编写图 4-28 所示工件的加工程序。

O0005;
T0101 M03 S500;　　　　　选择 1 号刀并调用 1 号刀补，主轴正转，转速 500r/min
G00 G99 X82.0 Z2.0;　　　快速进给至循环起点
G72 W3.0 R0.5;　　　　　 加工参数设定，每次背吃刀量为 3mm，退刀量 0.5mm
G72 P10 Q20 U0.2 W0.3 F0.2;　X 向精加工余量 0.2mm，Z 向 0.3mm，粗切进给量 0.2mm/r
N10 G00 Z-23.0 S1 000;　　进刀至切入点，精加工转速为 1000r/min

```
      G01 X50.0 F0.1;          ⎫
      G03 X30.0 Z-13.0 R10.0;  ⎪
      G02 X20.0 Z-8.0;         ⎬ 精加工轮廓描述
      G01 X16.0 ;              ⎪
          Z-2.0;               ⎭
  N20 X8.0 Z2.0;
      G70 P10 Q20;             精加工
      G00 X100.0 Z100.0;       退回换刀点
      M30;                     程序结束
```

二、车削盘类零件的加工方法

1）车削盘类零件时，一般分粗、精车。精车盘类零件时，应先精车内孔再精车端面，以减小端面平面度误差。

2）精车端面时，应选用主偏角大于90°的端面车刀，以减小进给力，防止端面变形。

三、盘套零件的编程及加工操作方法

在数控车床上完成图4-29所示盘套零件的加工，毛坯尺寸为$\phi205mm \times 55mm$，材料为45钢。

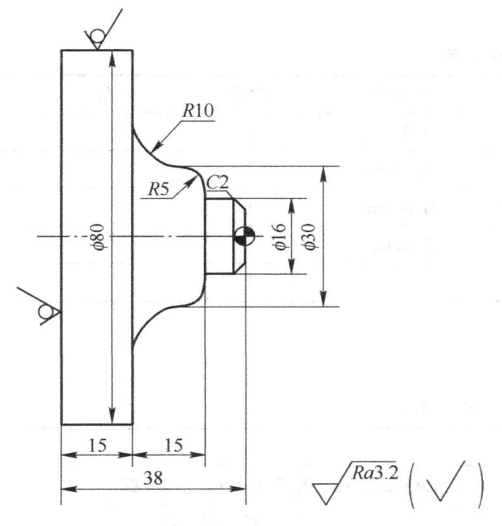

图4-28 G72复合循环实例图

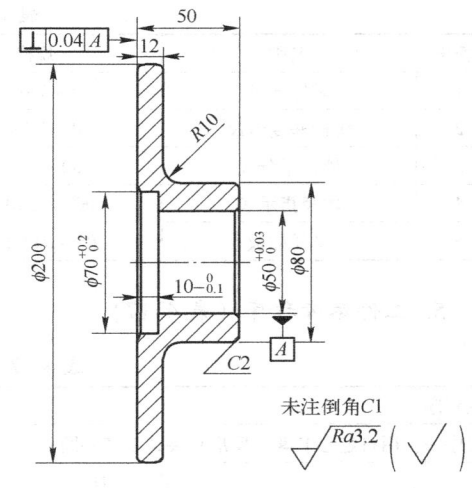

图4-29 盘套类零件编程实例图

1. 分析零件图

该零件为一个盘类零件，需要加工外圆、内孔、端面和圆弧。要求垂直度误差小于0.04mm，表面有严格的尺寸精度要求，表面粗糙度要求也较高。

2. 工艺分析

1）该零件内孔与左端面有垂直度误差要求小于0.04mm，为保证垂直度，内孔与左端面必须在一次装夹中车出来。

2）零件端面尺寸较大且有圆弧，对于这类零件不能用G94指令进行编程加工，应采用G72、G70进行编程加工。

3）零件先加工左端外圆及内轮廓，用G71、G70循环完成粗、精加工，掉头加工右端外轮廓，再用 G72、G70 循环完成粗、精加工。

4）每次装夹加工都将工件坐标系原点设定在其装夹后的工件右端面中心上。工件加工程序换刀点都设在（X250.0，Z100.0）的位置上。

3. 刀具选择及工件装夹方法

(1) 刀具及切削用量的选择（表 4-15）

表 4-15 刀具卡

刀具名称	刀具号	刀尖半径	加工内容	主轴转速/(r/min)	进给量/(mm/r)
端面车刀	T0101	0.4mm	车端面及控制总长	300	0.3,0.2,0.1
内孔车刀	T0202	0.4mm	粗车内轮廓	600	0.2
内孔车刀	T0303	0.2mm	精车内轮廓	800	0.1
ϕ45mm 麻花钻			钻孔	200	手动

(2) 工件装夹方法 工件采用通用自定心卡盘（反爪）进行定位与装夹，工件第一次装夹紧贴卡爪。掉头第二次装夹 ϕ200mm 外圆，工件伸出卡爪端面外长度约 40mm。

4. 量具选择

加工中使用的量具见表 4-16。

表 4-16 量具清单

序号	名称	规格	分度值	数量	备注
1	游标卡尺	0~300mm	0.02mm	1	
2	游标深度卡尺	0~200mm	0.02mm	1	
3	外径千分尺	ϕ50~ϕ75mm	0.01mm	1	
4	内径指示表	ϕ35~ϕ50mm	0.01mm	1	
5	半径样板	R7~R14.5mm		1	

5. 工件参考程序（表 4-17）

表 4-17 程序卡（供参考）

主程序		
工序一：用自定心卡盘（反爪）夹持毛坯外圆并夹牢，车端面，钻孔 ϕ45mm，粗、精车左端内、外轮廓。		
程序号	程序	简要说明
	O4005—1;	程序名
N010	G21 G97 G99 G40;	程序初始化
N020	T0101 M03 S300;	主轴转速 300r/min，选择 1 号端面车刀
N030	G00 X210.0 Z2.0;	快速定位至 ϕ210mm 直径，距端面正向 2mm
N040	G94 X44.0 Z0.5 F0.3;	用 G94 端面固定循环车左端面
N050	Z0.0 F0.1;	
N060	G00 X198.0;	精车左端大外圆
N070	G01 Z0.0;	
N080	X200.0 Z-1.0;	
N090	Z-14.0;	
N100	X205.0;	

(续)

程序号	程序	简要说明
N110	G00 X250.0 Z100.0;	退到换刀点
N120	T0202 S600;	换2号内孔车刀,转速600r/min
N130	G00 X44.0 Z2.0;	定位到内孔循环起点 φ44mm 直径,距端面正向2mm
N140	G71 U1.5 R0.5;	用G71复合循环粗车左端内轮廓
N150	G71 P160 Q220 U-0.5 W0 F0.2;	
N160	G00 X72.0;	
N170	G01 Z0.0 F0.1;	
N180	X70.0 Z-1.0;	
N190	Z-10.0;	左端内轮廓精加工程序
N200	X50.0;	
N210	Z-50.0;	
N220	X44.0;	
N230	G00 X250.0 Z100.0;	返回刀具换刀点
N240	T0303 S800;	换3号内孔车刀,转速800r/min
N250	G00 X44.0 Z2.0;	定位到内孔循环起点 φ44mm 直径,距端面正向2mm
N260	G70 P160 Q220;	G70精车内轮廓
N270	G00 Z100.0 M05;	返回刀具换刀点,停主轴
N280	M30;	程序结束

工序二:掉头用自定心卡盘(反爪)装夹 φ200mm 外圆,伸出卡爪端面长度约40mm并夹牢校正后,车总长度及右端外轮廓

程序号	程序	简要说明
	O4005—2;	程序名
N010	G21 G97 G99 G40;	程序初始化
N020	T0101 M03 S300;	主轴正转300r/min,选择1号端面车刀
N030	G00 X210.0 Z5.0;	快速定位至 φ210mm 直径,距端面正向5.0mm
N040	G94 X44.0 Z1.0 F0.3;	用G94端面固定循环车工件总长
N050	Z0;	
N060	G72 W3.0 R1.0;	用G72端面复合循环粗车右端外轮廓
N070	G71 P80 Q140 U0.2 W0.3 F0.2;	
N080	G00 Z-39.0	
N090	G01 X200.0 F0.1;	
N100	X198.0 Z-38.0;	右端外轮廓精加工程序
N110	X100.0;	
N120	G03 X80.0 Z-28.0 R10.0;	
N130	G01 Z-2.0;	

(续)

程序号	程　　序	简　要　说　明
N140	X74.0 Z1.0;	右端外轮廓精加工程序
N150	G70 P80 Q140;	G70精车指令右端外轮廓
N160	G00 X250.0 Z100.0 M05;	返回刀具换刀点，停主轴
N170	M30;	程序结束

6. 注意事项

1）使用G72粗车复合循环指令时，ns程序段内不能有X轴移动。

2）G72指令编程方式与G71指令不同，G72指令属于倒编程正进给的方式进行编程加工。

3）车削大端面时，车刀一定要锋利，防止车出凸凹不平的端面。

4）加工大直径零件时，切削用量的选取要考虑机床、刀具的刚性，避免加工时引起振动或工件产生振纹，不能达到工件表面质量要求。

第五节　封闭轮廓复合循环G73车削外轮廓

学习目标

1. 能合理确定复杂外形零件的加工方案，合理选择加工工艺路线。
2. 掌握封闭轮廓复合循环G73的指令格式、功能及使用方法。
3. 正确理解G73指令参数的含义和循环加工轨迹的特点，并合理确定循环参数。
4. 掌握车削复杂外形零件车刀的相关知识及使用。
5. 能够根据加工要求完成复杂外形零件的编程与加工。

一、封闭轮廓复合循环G73

1. 封闭轮廓复合循环G73

（1）指令格式

G73 U(Δi) W(Δk) R(d);

G73 P(ns) Q(nf) U(Δu) W(Δw) F＿ S＿ T＿;

N(ns) ……

……

F＿

S＿　　A和B间的运动指令在从顺序号ns到nf的程序段中指定；

T＿

N(nf) ……

其中：

Δi：X轴方向退刀距离（半径指定），由FANUC系统参数（NO.0719）指定。

Δk：Z 轴方向退刀距离（半径指定），由 FANUC 系统参数（NO.0720）指定。

d：分割次数，也就是粗加工重复次数，由 FANUC 系统参数（NO.0719）指定。

ns：精加工形状程序的第一个段号。

nf：精加工形状程序的最后一个段号。

Δu：X 方向精加工余量的距离及方向（直径）。

Δw：Z 方向精加工余量的距离及方向。

F、S、T：粗加工循环中的进给速度、主轴转速与刀具功能。

（2）功能　该指令是按照一定的切削形状，逐渐地接近最终形状的循环切削方式。一般用于车削已用锻造或铸造方法成形的零件的粗车，加工效率很高。

（3）指令的运动轨迹及工艺说明

1）G73 复合循环的轨迹如图 4-30 所示。刀具从循环起点（C 点）开始，快速退刀至 D 点（在 X 向的退刀量为 Δu/2 + Δi，在 Z 向的退刀量为 Δw + Δk）；快速进给至 E 点（E 点坐标值由 A 点坐标、精加工余量、X 向毛坯切除余量 Δi 和 Z 向毛坯切除余量 Δk 及粗切次数确定）；沿轮廓形状偏移一定值后进行切削至 F 点；快速返回 G 点，准备第二层循环切削；如此分层（分层次数由循环程序中的参数 d 确定）切削至循环结束后，快速退回循环起点（C 点）。

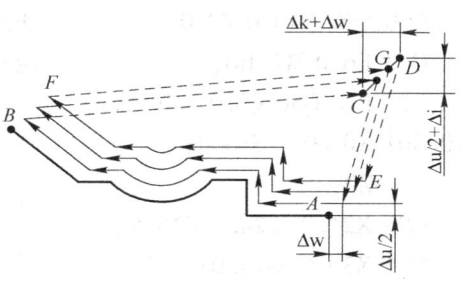

图 4-30　G73 粗车循环轨迹

2）G73 程序段中，ns 所指程序段可以向 X 轴或 Z 轴的任意方向进给。

3）G73 循环加工的轮廓形状没有单调递增或单调递减形式的限制。

4）G73 循环粗车后仍采用 G70 循环进行工件的精车。执行 G70 循环时，刀具沿工件的实际轮廓进行切削，如图 4-30 所示轨迹 A→B，循环结束后刀具返回循环起点。

5）在粗车削循环过程中，刀尖半径补偿功能无效。

（4）G73 循环参数的设定　G73 指令中参数 Δi 的取值非常关键，一般为毛坯与最小直径之差的一半。

1）X 方向毛坯切除余量 Δi 按如下式计算

$$\Delta i = (毛坯尺寸 - 工件最小直径)/2$$

2）Z 方向毛坯切除余量 Δk。根据零件形状特点选择，如果零件没有凹面形状，Z 方向毛坯切除余量 Δk 按实际余量取值，如果零件有凹面形状，为防止过切，Z 方向毛坯切除余量 Δk 取值为 0，即仅 X 向递进切入。

3）粗切循环次数 d。粗切循环次数可由下式估算

$$d = (X 方向毛坯切除余量 \Delta i - 精加工余量 \Delta u)/单边背吃刀量 a_p$$

（5）循环起点的确定　循环起点对加工轨迹没有一点影响，但注意循环起点的位置不能与工件发生碰撞。一般起点 Z 值为工件凸起部分最高点，X 值大于最大直径加上 2 倍的 Δi。

2. 编程实例

例：试用 G73、G70 指令编写图 4-31 所示工件的加工程序。

O0006;

T0101 M03 S800;　　　　　　　　选择 1 号刀并调用 1 号刀补，主轴正转，转速 800r/min

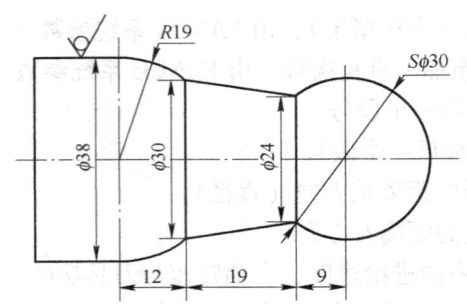

图 4-31 G73 封闭复合循环编程实例图

```
G00 G99 X40.0 Z2.0;              快速定位至粗车循环起点
G73 U6.0 W0 R6;                  粗车循环指令及加工参数设定
G73 P10 Q50 U0.3 W0 F0.2;
N10 G01 X0 F0.1 S1000;       ⎫
    Z0;                      ⎪
G03 X24.0 Z-24.0 R15.0;      ⎬  精加工轮廓描述
G01 X30.0 Z-43.0;            ⎪
G03 X38.0 W-12.0 R19.0;      ⎭
N50 G01 X40.0;
G70 P10 Q50;                     精加工
G00 X100.0 Z100.0;               退回换刀点
M30;                             程序结束
```

二、车削内凹零件的刀具

在加工内凹零件时，为了保证刀具后刀面在加工过程中不与工件表面发生摩擦，往往要求刀具的副偏角 $κ_r'$ 较大，由于刀具的主偏角 $κ_r$ 一般取值在 90°~93° 范围内，所以应选择刀尖角 $ε_r$ 较小的刀具，俗称"菱形刀"。

可以选择机械夹固式不重磨外圆车刀作为切削刀具，常用的数控机夹外圆车刀刀片的刀尖角有 80°菱形（C 型）、55°菱形（D 型）、35°菱形（V 型）三种。如图 4-32 所示为刀尖角为 35°的成形车刀，加工时其副偏角为 55°。

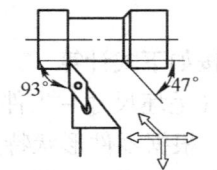 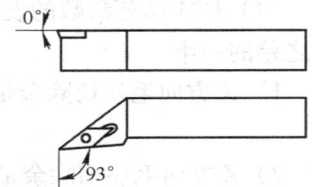

图 4-32 35°成形车刀

三、成形零件的编程及加工操作方法

在数控车床上完成图 4-33 所示成形零件的加工，毛坯尺寸为 φ50mm×100mm，材料为 45 钢。

1. 分析零件图

该零件是一个有较多圆弧连接的成形轴，表面圆弧要求圆滑过渡。零件没有几何公差要求，但有严格的尺寸精度要求和表面粗糙度要求。

2. 工艺分析

1）零件轮廓有凹圆弧面，对于这类零件不能用 G71 指令进行编程加工，应采用 G73、G70 复合循环指令进行编程加工。

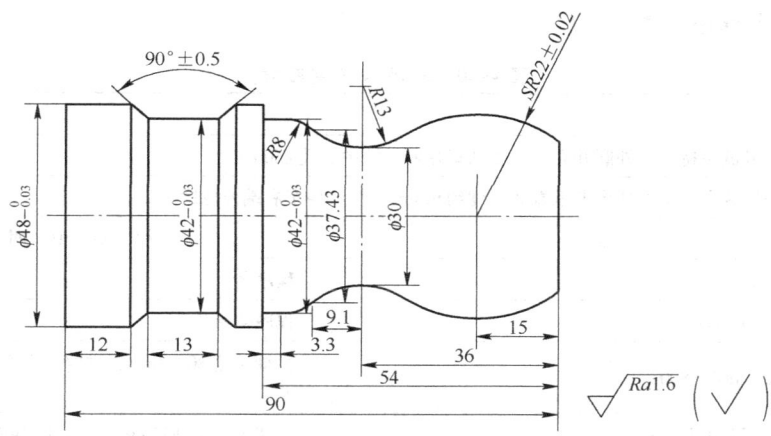

图 4-33 成形零件加工编程实例图

2）零件左端的锥面夹角为 90°，可使用 35°菱形成形车刀同圆弧外形一同加工出来。

3）零件先加工右端，车端面，钻中心孔，然后一夹一顶用 G73、G70 循环粗、精加工外轮廓，掉头加工左端控制总长。

4）每次装夹加工都将工件坐标系原点设定在其装夹后的工件右端面中心上。加工右端（一夹一顶）时工件加工程序换刀点设在（X100.0，Z10.0）的位置上，加工左端时工件加工程序换刀点设在（X100.0，Z100.0）的位置上。

3. 刀具选择及工件装夹方法

（1）刀具及切削用量的选择（表 4-18）

表 4-18　刀具卡

刀具名称	刀具号	刀尖半径	加工内容	主轴转速/(r/min)	进给量/(mm/r)
端面车刀	T0101	0.4mm	车端面及控制总长	800	0.3
35°菱形成形车刀	T0202	0.4mm	粗车外轮廓	800	0.2
35°菱形成形车刀	T0303	0.2mm	精车外轮廓	1200	0.1

（2）工件装夹方法　工件第一次装夹用自定心卡盘进行定位与装夹，车端面、钻中心孔，工件第二次用一夹一顶定位与装夹车外轮廓。掉头第三次装夹 $\phi48$mm 外圆控制总长。

4. 量具选择

加工中使用的量具见表 4-19。

表 4-19　量具清单

序号	名称	规格	分度值	数量	备注
1	游标卡尺	0~150mm	0.02mm	1	
2	游标深度卡尺	0~200mm	0.02mm	1	
3	外径千分尺	$\phi25$~$\phi50$mm	0.01mm	1	
4	半径样板	R7~R14.5mm、R15~R24.5mm		各1	
5	成形样板	锥度成形样板、圆弧成形样板		各1	

5. 工件参考程序（表4-20）

表4-20　程序卡（供参考）

主程序

工序一：用自定心卡盘夹持毛坯外圆并夹牢，手动车端面，钻中心孔 φ3mm

工序二：用一夹一顶装夹，工件伸出卡爪端面长度约92mm，粗、精车右端外轮廓

程序号	程　　序	简　要　说　明
	O4006—1；	程序名
N010	G21 G97 G99 G40；	程序初始化
N020	T0202 M03 S800；	主轴转速800r/min，选择2号粗车35°菱形成形车刀
N030	G00 X52.0 Z2.0；	快速定位至φ52mm 直径，距端面正向2mm
N040	G73 U10.0 W1.0 R5.0；	用G73循环车右端外轮廓
N050	G73 P60 Q180 U0.3 W0 F0.2；	
N060	G00 G42 X32.19 S1200；	右端外轮廓精加工程序
N070	G01 Z0 F0.1；	
N080	G03 X35.2 Z-28.2 R22.0；	
N090	G02 X37.43 Z-45.1 R13.0；	
N100	G03 X42.0 Z-50.7 R8.0；	
N110	G01 Z-54.0；	
N120	X48.0；	
N130	W-5.0；	
N140	X42.0 W-3.0；	
N150	W-13.0；	
N160	X48.0 W-3.0；	
N170	Z-91.0；	
N180	G01 G40 X50.0；	
N190	G00 X100.0 Z10.0；	返回刀具换刀点
N200	T0303；	换3号精车35°菱形成形车刀
N210	G00 X52.0 Z2.0；	定位循环起点φ52mm 直径，距端面正向2mm
N220	G70 P60 Q180；	G70精车指令
N230	G00 X100.0 Z10.0 M05；	返回刀具换刀点，停主轴
N240	M30；	程序结束

工序三：掉头用自定心卡盘装夹φ48mm 外圆，车总长

程序号	程　　序	简　要　说　明
	O4006—2；	程序名
N010	G21 G97 G99 G40；	程序初始化
N020	T0101 M03 S800；	主轴正转800r/min，选择1号端面车刀
N030	G00 X52.0 Z10.0；	快速定位至φ52mm 直径，距端面正向10.0 mm

(续)

程序号	程　　序	简　要　说　明
N040	G94 X0 Z5.0 F0.3;	用G94端面固定循环车工件总长
N050	Z3.0;	
N060	Z1.0;	
N070	Z0.0;	
N080	G00 X100.0 Z100.0 M05;	返回刀具换刀点，停主轴
N090	M30;	程序结束

6. 注意事项

1) G73指令中参数Δi的取值非常关键，应正确选择。

2) 选刀时，刀尖角一定要控制在40°以下，如果刀尖角过大，凹圆弧将过切。

3) 一夹一顶装夹车削应注意编程时换刀点的位置，以防机床碰撞尾座。

4) 一夹一顶装夹车削时应随时观察工件在顶尖间的松紧情况，防止过紧或过松。

四、轴类零件和内孔加工的质量分析

1. 轴类零件加工质量分析

轴类零件在车削加工中，因受机床、工艺、操作人员技术、环境等因素的影响，会经常遇到一些质量问题影响加工质量和加工效率。表4-21对加工中常出现的质量问题、产生原因、预防及解决方法进行了分析。

表4-21　常见质量问题及预防措施

质量问题	产生原因分析	预防措施
尺寸精度超差	1. 操作者粗心大意，看错图样，或尺寸计算错误 2. 对刀操作错误、刀具磨损或参数修调操作错误 3. 程序编写或输入错误 4. 量具有误差或测量不正确 5. 由于切削热的影响，使工件尺寸发生变化 6. 切削用量选择不当，产生让刀	1. 车削时必须看清图样、检查图样，核对计算方法和结果 2. 正确操作机床 3. 检查、修改加工程序 4. 检查量具有效期，正确掌握测量操作方法 5. 待工件冷却之后再测量 6. 合理选择切削用量
产生锥度	1. 工件装夹时，工件轴线倾斜于主轴轴线 2. 编程错误 3. 工件安装不合理	1. 车前必须找正工件中心 2. 正确编程，认真校验程序和进行试切削 3. 检查工件安装，增加装夹刚性
圆度超差	1. 毛坯余量不均匀，在切削过程中背吃刀量发生变化 2. 工件装夹时，工件轴线没有找正，旋转时产生跳动 3. 机床主轴间隙太大	1. 分粗、精加工 2. 车削前找正工件轴线位置 3. 车削前检查主轴间隙，并适当调整，可调整机械间隙补偿参数或修调主轴
表面粗糙度达不到要求	1. 切削用量选择不当 2. 车床刚性不足，产生振动 3. 车刀刚性不足或伸出刀架太长引起振动 4. 工件刚性不足引起振动 5. 低速切削时没有加注切削液 6. 刀尖产生积屑瘤	1. 进给量不宜太大，精车余量和切削速度应选择适当 2. 调整机床，消除机床各部分的间隙 3. 选择适当的刀具，正确装夹车刀 4. 增加工件的装夹刚性 5. 低速切削时应加注切削液 6. 选择合适的切削速度范围

(续)

质量问题	产生原因分析	预防措施
加工中出现扎刀	1. 进给量过大 2. 切屑阻塞 3. 工件安装不合理 4. 刀具角度选择不合理	1. 降低进给速度 2. 采用断、退屑方式切入 3. 检查工件安装，增强安装刚性 4. 正确选择刀具

2. 内孔加工质量分析（表4-22）

表4-22 内孔加工质量分析

废品种类	产生原因	预防措施
孔径不合格	1. 程序中坐标错误或刀具补偿不合格 2. 测量不仔细 3. 刀具磨损 4. 对刀误差 5. 铰孔时刀具尺寸不合格或尾座偏位	1. 检查并修改程序 2. 认真测量 3. 重磨车刀 4. 重新对刀 5. 检查铰刀尺寸或调整尾座
内孔的圆柱度超差	1. 内孔车刀严重磨损，主轴轴线歪斜，床身导轨严重磨损 2. 铰孔时，有喇叭口，主要是尾座偏位	1. 修磨车刀，找正或大修机床 2. 找正尾座或用浮动套筒
内孔表面粗糙度值过大	1. 刀具磨损，刀杆产生振动 2. 切削用量选择不合理，未加注切削液 3. 铰刀磨损或刃口有缺陷	1. 修磨车刀，采用刚性好的车刀杆 2. 合理选择切削用量，并充分加注切削液 3. 刃磨或更换铰刀，并妥善保管好刀具
同轴度、垂直度超差	1. 用一次装夹方法切削时，工件移位或机床精度不高 2. 心轴装夹时，心轴中心孔碰毛，或心轴本身同轴度不合格 3. 用软卡爪装夹时，软卡爪车削不合格	1. 装夹牢固，减小切削用量，调整机床精度 2. 研修心轴中心孔，校直心轴 3. 软卡爪应在本机床上车出，直径略大于工件装夹尺寸

第五章 切槽加工

第一节 G01 指令切槽

学习目标

1. 掌握切槽加工中的相关工艺知识。
2. 掌握切槽刀的选择、安装及对刀方法。
3. 能够根据加工要求完成零件切槽的编程与加工。

一、切槽的加工工艺

1. 切槽刀的选择

图 5-1 所示是机夹式外切槽刀。切槽刀以横向进给为主,前端的切削刃为主切削刃,两侧的切削刃为副切削刃。一般主切削刃较窄,因此刀体强度较差,在选择刀体的几何角度参数和切削用量时要注意切槽刀的强度问题。

(1) 外切槽刀

1) 主切削刃的宽度 (a)。主切削刃太宽会因切削力太大而产生振动,同时浪费材料,太窄又会削弱刀体强度,因此,主切削刃的宽度可用下面的经验公式计算

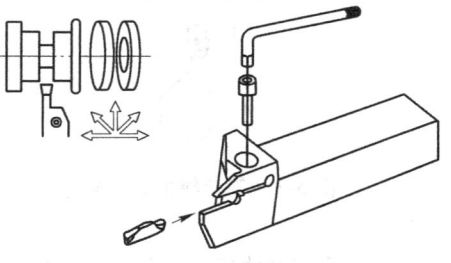

图 5-1 机夹式外切槽刀

$$a = (0.5 \sim 0.6)\sqrt{d}$$

式中 a——主切削刃宽度 (mm);

d——工件待加工表面直径 (mm)。

2) 刀体长度 (L)。刀体太长也容易引起切削时的振动甚至使刀体折断,刀体长度可用下式计算

$$L = h + (2 \sim 3)\text{mm}$$

式中 L——刀体长度 (mm);

h——背吃刀量 (mm)。

(2) 内切槽刀　内切槽刀与外切槽刀的几何形状相似,见图 5-2,区别只是在内孔中切

槽。内切槽刀可采用可转位机夹式车刀。

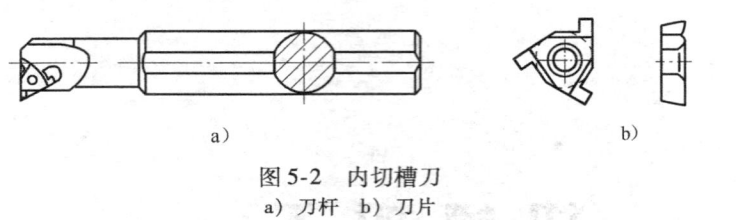

图 5-2 内切槽刀
a）刀杆 b）刀片

2．切槽的加工方法

1）对于宽度、深度值不大且公差要求不高的槽，可采用与槽等宽的刀具直接切入一次成形的方法加工，如图 5-3 所示。刀具切入到槽底后可利用延时指令 G04 使刀具暂时停留，以修整槽底圆度，退刀时可采用 G01 指令。

2）宽槽的切削。通常把大于一个切槽刀宽度的槽称为宽槽，宽槽的宽度、深度等精度要求及表面质量要求相对较高。在切削宽槽时常采用排刀的方式进行粗切，然后用精切槽刀沿槽的一侧切至槽底，精加工槽底至槽的另一侧，再沿侧面退出，切槽方式如图 5-4 所示。

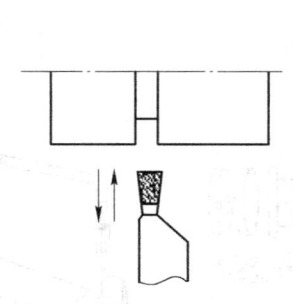

图 5-3 简单槽的加工轨迹

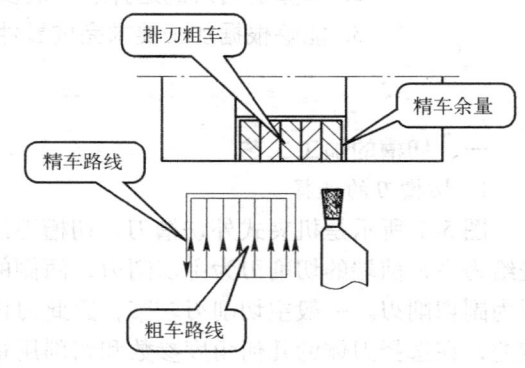

图 5-4 宽槽的加工轨迹

3）梯形槽的加工。对于梯形槽，应先切出槽底并在直径上和槽底宽度上留有余量，然后再从大外圆处向槽底倾斜切削，如图 5-5 所示。注意不能从槽底倾斜退刀，以防止车刀折断或发生事故。

3．切槽加工中进、退刀路线的确定

进、退刀路线的确定是使用 G00、G01 指令编程切槽时的一个关键点，切槽加工中尤其要注意综合考虑安全性和进、退刀路线最短的原则，建议外沟槽采用图 5-6a 所示的进、退刀方式，内沟槽采用图 5-6b 所示的进、退刀方式。

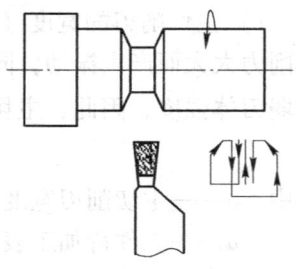

图 5-5 梯形槽的加工轨迹

4．切槽刀的装夹

1）为了增加切断刀和切槽刀的刚性，安装时，刀体不宜伸出过长。

2）切槽刀的中心线必须与工件中心线垂直，以保证两副偏角对称。否则切出的槽壁不平直。

3）切断实心工件时，切断刀的主切削刃必须装得与工件中心等高，否则不能车到中心，而且容易崩刃，甚至折断车刀。

4）切槽刀的底平面应平整，以保证两个副偏角对称。

5）内切槽刀的安装应使主切削刃与内孔中心等高或略高，以保证两侧副偏角对称。

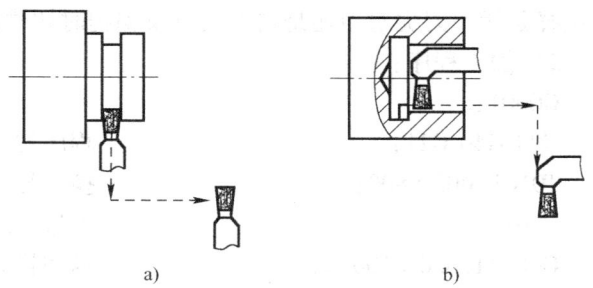

图 5-6 切槽加工中的进、退刀路线

二、编程指令

1. 径向车削槽类零件的编程指令 G94

数控车削加工中，G94 编程指令可以用于端面零件加工，通过观察 G94 指令的运动轨迹是径向切削，所以还可以进行沟槽加工。

（1）指令格式

G00 X__ Z__ ;

G94 X(U)__ Z(W)__ F__ ;

其中：X、Z 是沟槽面切削终点坐标值。

U、W 是沟槽面切削终点相对循环起点的坐标增量。

F 是进给速度。

（2）指令运动轨迹　切削过程为图 5-7 所示的循环，刀具从循环起点开始按矩形 $A \to B \to C \to D$ 循环，最后又回到循环起点。

2. 暂停指令（G04）

1）指令格式

G04 P(X)__ ;

其中：P(X)__ 是暂停时间，X 后的数值用小数表示，单位为 s；P 后数值用整数表示，单位为 ms。如"G04 X2.0"；表示暂停 2s；"G04 P1000"；表示暂停 1000ms。

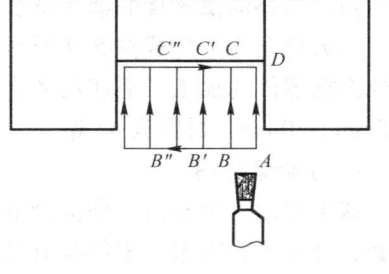

图 5-7 G94 切槽运动轨迹

2）功能：该指令可以使刀具作短暂的无进给光整加工。

3）指令说明：G04 指令常用于切槽、车平面、孔底光整以及车台阶轴清根等场合，可使刀具做短时间的无进给光整加工，以提高表面加工质量。执行该程序段后刀具将暂停一段时间，当暂停时间过后，系统继续执行下一段程序。G04 指令为非模态指令，只在本程序段有效。

三、G01、G00 切槽编程实例

例：如图 5-8 所示工件，试采用 G01、G00 编写其加工程序（外形已加工完毕）。切槽刀宽 4mm。

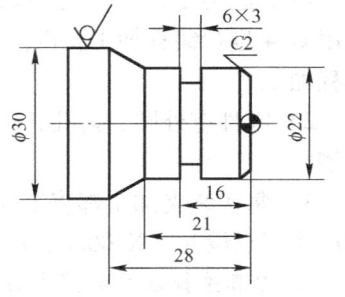

图 5-8 G01、G00 切槽编程实例图

1)加工分析:要注意零件图上槽的标注,根据图样要求保证槽哪一条边的尺寸时,应来选择是用左刀尖对刀还是右刀尖以及编程时切槽的Z轴移动方向(本例以左刀尖对刀)。

2)加工程序:

O0001;	
G99 G40 G21;	程序初始化
T0101 M03 S800;	换1号刀具选择1号刀补,主轴正转800r/min
……	外形程序略
G00 X100.0 Z100.0;	返回换刀点
T0202 M03 S300;	换2号外切槽刀,主轴正转300r/min
G00 X24.0 Z-14.0;	⎫
G01 X16.0 F0.08;	⎪
G04 X2.0;	⎪
G01 X24.0;	⎪
Z-16.0;	⎬ 切槽加工
X16.0;	⎪
G04 X2.0;	⎪
G01 X24.0;	⎭
G00 X100.0 Z100.0;	返回换刀点
M30;	程序结束

四、内外沟槽零件的编程及加工操作方法

在数控车床上完成图5-9所示内外沟槽零件的加工,毛坯尺寸为 φ85mm×70mm,材料为45钢。

1. 分析零件图

该零件是一个有内、外沟槽的轴套,外形比较简单。零件没有几何公差要求,但有严格的尺寸精度要求和表面粗糙度要求。

2. 工艺分析

1)零件有简单的内、外沟槽,对于这类零件,外沟槽较宽,

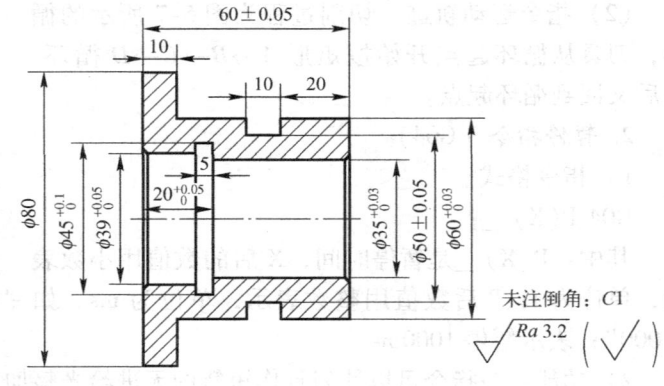

图5-9 内外沟槽零件加工编程实例图

采用G94进行编程加工;内沟槽较窄,采用G01进行编程加工即可,内、外轮廓可用G71编程加工。

2)零件有外圆、内孔,但尺寸精度要求较严,应先粗、精车内、外轮廓,最后再加工沟槽。

3)每次装夹加工都将工件坐标系原点设定在其装夹后的工件右端面中心上。工件加工程序换刀点设在(X100.0,Z100.0)的位置上。

3. 刀具选择及工件装夹方法

(1)刀具及切削用量的选择(表5-1)

表 5-1 刀具卡

刀具名称	刀具号	刀尖半径	加工内容	主轴转速/(r/min)	进给量/(mm/r)	备注
端面车刀	T0101	0.4mm	车端面	800	0.3	
93°外圆车刀	T0202	0.4mm	车外轮廓	500	0.2,0.1	
内孔车刀	T0303	0.2mm	车内轮廓	600	0.1	
外切槽刀	T0404	0.2mm	车外沟槽	300	0.08	5mm×10mm
内切槽刀	T0505	0.1mm	车内沟槽	300	0.05	5mm×8mm
ϕ32mm 钻头			钻孔	200	手动	

（2）工件装夹方法　工件用自定心卡盘进行定位与装夹。

4. 量具选择

加工中使用的量具见表5-2。

表 5-2 量具清单

序号	名称	规格	分度值	数量	备注
1	游标卡尺	0~150mm	0.02mm	1	
2	游标深度卡尺	0~200mm	0.02mm	1	
3	外径千分尺	ϕ25~ϕ50mm，ϕ50~ϕ75mm	0.01mm	各1	
4	内径指示表	ϕ35~ϕ50mm	0.01mm	1套	
5	弯脚游标卡尺	0~250mm	0.02mm	1	

5. 工件参考程序（表5-3）

表 5-3 程序卡（供参考）

主程序		
工序一：用自定心卡盘夹持毛坯外圆并夹牢，手动车端面，钻孔ϕ32mm		
工序二：用自定心卡盘夹持毛坯外圆并夹牢，工件伸出卡爪端面长度约62mm，粗、精车右端外轮廓并切外沟槽		
程序号	程序	简要说明
	O5001—1；	程序名
N010	G21 G97 G99 G40；	程序初始化
N020	T0202 M03 S500；	主轴正转500r/min，选择2号93°外圆车刀
N030	G00 X90.0 Z2.0；	快速定位至ϕ90mm直径，距端面正向2mm
N040	G71 U1.5 R1.0；	用G71循环车右端外轮廓
N050	G71 P60 Q100 U0.3 W0.1 F0.2；	
N060	G00 X60.0；	右端外轮廓精加工程序
N070	G01 Z-50.0 F0.1；	
N080	X80.0；	
N090	Z-61.0；	
N100	X85.0；	
N110	G70 P60 Q100；	G70循环精车右端外轮廓

(续)

程序号	程序	简要说明
N120	G00 X100.0 Z100.0;	退到换刀点
N130	T0404 S300;	选择4号外切槽刀,主轴正转300r/min
N140	G00 X65.0 Z-25.0;	外沟槽循环起点
N150	G94 X50.0 Z-25.0 F0.08;	用G94端面固定循环车外沟槽
N160	Z-29.5;	
N170	Z-30.0;	
N180	G00 X100.0 Z100.0 M05;	返回刀具换刀点,停主轴
N190	M30;	程序结束

工序三:掉头用自定心卡盘夹持右端外圆并夹牢,车左端内轮廓及内沟槽

程序号	程序	简要说明
	O5001—2;	程序名
N010	G21 G97 G99 G40;	程序初始化
N020	T0101 M03 S800;	主轴正转800r/min,选择1号端面车刀
N030	G00 X90.0 Z5.0;	快速定位至φ90mm直径,距端面正向5mm
N040	G94 X30.0 Z2.0 F0.3;	用G94端面固定循环车总长
N050	Z0;	
N060	G00 X100.0 Z100.0;	退到换刀点
N070	T0303 S600;	选择3号内孔车刀,主轴正转600r/min
N080	G00 X30.0 Z2.0;	快速定位至φ30mm直径,距端面正向2mm
N090	G71 U1.5 R1.0;	用G71复合循环粗车左端内轮廓
N100	G71 P110 Q170 U-0.3 W0.1 F0.2;	
N110	G00 X41.0;	左端内轮廓精加工程序
N120	G01 Z0 F0.1;	
N130	X39.0 C1.0;	
N140	Z-20.0;	
N150	X35.0;	
N160	Z-60.0;	
N170	X30.0;	
N180	G70 P110 Q170;	G70精车左端内轮廓
N190	G00 Z100.0;	退到换刀点
N200	T0505 S300;	选择5号内切槽刀,主轴正转300r/min
N210	G00 X32.0;	快速定位至φ32mm直径处
N220	Z-20.0;	快速定位至距端面-20mm
N230	G01 X45.0 F0.05;	加工内沟槽
N240	G04 X3.0;	暂停3s
N250	G01 X32.0;	退刀

(续)

程序号	程　　序	简　要　说　明
N260	G00 Z5.0;	退刀
N270	G00 X100.0 Z100.0 M05;	返回刀具换刀点，停主轴
N280	M30;	程序结束

6. 注意事项

1）车削沟槽时，应选用较小的切削用量，以防产生振动。
2）编程时注意，G94 指令的循环起点放置的位置，Z 向应设在槽内。
3）编程时注意，切槽刀有两个刀位点，应根据基准标注情况进行选择。
4）切槽时要注意刀宽与槽宽的关系。

第二节　径向切槽循环 G75 切深槽

学习目标

1. 掌握径向沟槽复合循环 G75 的指令格式；
2. 正确理解 G75 指令段内部参数的意义，能根据加工要求合理确定各参数值；
3. 了解深槽类零件的加工步骤和方法；
4. 根据加工要求完成深槽类零件的编程与加工。

一、径向切槽循环 G75

（1）指令格式
G75 R (e);
G75 X(U)__ Z(W)__ P (Δi) Q (Δk) R (Δd) F __;

其中：e 是每次沿 X 方向切削 Δi 后的退刀量（半径量），其值为模态值；用参数 NO.056 也可以设定。

　　X(U)__ Z(W)__ 是切槽终点的坐标。

　　Δi 是 X 方向的每次循环移动量（无符号单位：μm，直径值）。

　　Δk 是 Z 方向的每次切削移动量（无符号单位：μm）。

　　Δd 是切削到终点时 Z 方向的退刀量，通常不指定，省略 X(U)和 Δi 时，则视为 0。

　　F 是径向切削时的进给速度。

（2）指令的运动轨迹及说明　　G75 径向切槽循环指令的运动轨迹如图 5-10 所示，A 点为循环起始点，(X_, Z_) 为循环终点坐标，A 点至 B 点的距离为 X 方向总的切削量，A 点至 D 点的距离为 Z 方向总的偏移量。在此循环中，可以断续分层切削，断续分层切入时便于断屑和散热。

当循环起点 X 坐标值大于 G75 指令中的 X 向终点坐标值时，程序自动运行为外沟槽的加工方式；当循环起点 X 坐标值小于 G75 指令中的 X 向终点坐标值时，程序自动运行为内沟槽的加工方式。

G75 程序段中的 Z(W) 值可省略或设定值为 0，当 Z(W) 值设为 0 时，循环执行时刀具仅作 X 向进给而不作 Z 向偏移。

其运动过程是：刀具从循环起点（A 点）开始，沿径向进给 Δi 后，退刀 e（断屑），然后再沿径向进给 Δi + e，再退刀 e，直至递进切削至径向终点（B 点）的 X 坐标处；然后退到径向起刀点，完成一次切削循环；然后再沿轴向偏移 Δk 后，进行第二次径向切削循环，依次循环直至刀具切削至程序终点坐标处（C 点），径向退刀至起刀点（D 点），再轴向退刀至起刀点（A 点），完成整个切槽循环动作。

（3）循环起点的确定　G75 指令的循环起点 X 向坐标略大于槽顶直径，Z 向坐标为第一次切槽处刀位点的 Z 坐标值。

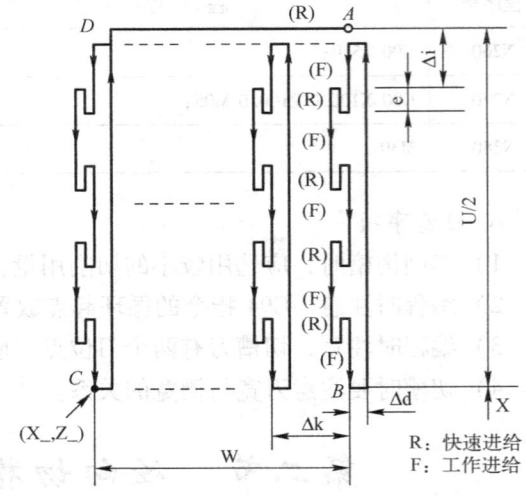

图 5-10　G75 径向切槽循环的刀具轨迹

二、G75 切槽编程实例

例：如图 5-11 所示工件，试采用 G75 编写其加工程序（外形已加工完毕）。切槽刀宽 4mm。

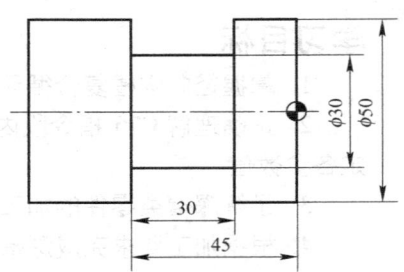

图 5-11　G75 切槽编程实例图

加工程序（本例以左刀尖对刀）：

程序	说明
O0002；	
G99 G40 G21；	程序初始化
T0101 M03 S800；	换 1 号刀具选择 1 号刀补，主轴正转 800r/min
⋯⋯	外形程序略
G00 X100.0 Z100.0；	返回换刀点
T0202 M03 S300；	切槽刀，刃宽为 4mm
G00 X52.0 Z-19.0；	定位至循环起点
G75 R1.0；	退刀量 1.0mm
G75 X30.0 Z-45.0 P5000 Q3500 F0.08；	终点坐标（30.0，-45.0），X 向每次切入量 5mm Z 向偏移量 3.5mm，进给量 0.08mm/r
G00 X100.0 Z100.0；	返回换刀点
M30；	程序结束

三、深槽零件的编程及加工操作方法

在数控车床上完成图 5-12 所示较深外沟槽的加工，毛坯尺寸为 φ85mm×85mm，材料为 45 钢。

1. 分析零件图

该零件有五个深度较深且尺寸相等的外沟槽,槽间距也相等。零件没有几何公差要求,但尺寸精度要求较严格。

2. 工艺分析

1)零件有较多的外沟槽,对于这类零件采用 G01 进行编程加工比较麻烦,采用 G75 编程就比较简单。

2)零件外圆尺寸要求较严,

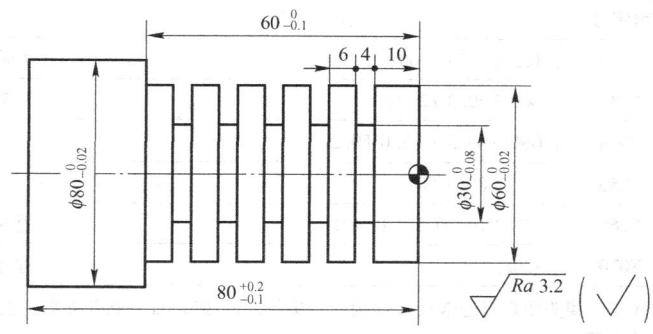

图 5-12 较深外沟槽零件的编程实例图

应先粗、精车左端外轮廓,然后粗、精车右端外轮廓,最后再加工沟槽。

3)每次装夹加工都将工件坐标系原点设定在其装夹后的工件右端面中心上。工件加工程序换刀点设在(X100.0,Z100.0)的位置上。

3. 刀具选择及工件装夹方法

(1)刀具及切削用量的选择(表 5-4)

表 5-4 刀具卡

刀具名称	刀具号	刀尖半径	加工内容	主轴转速/(r/min)	进给量/(mm/r)	备注
端面车刀	T0101	0.4mm	车端面	800	0.3	
93°外圆车刀	T0202	0.4mm	车外轮廓	600	0.2,0.1	
外切槽刀	T0303	0.2mm	车外沟槽	300	0.08	4mm×20mm

(2)工件装夹方法 工件用自定心卡盘进行定位与装夹。

4. 量具选择

加工中使用的量具见表 5-5。

表 5-5 量具清单

序号	名称	规格	分度值	数量	备注
1	游标卡尺	0~150mm	0.02mm	1	
2	游标深度卡尺	0~200mm	0.02mm	1	
3	外径千分尺	φ50~φ75mm,φ75~φ100mm	0.01mm	各1	

5. 工件参考程序(表 5-6)

表 5-6 程序卡(供参考)

主程序		
工序一:用自定心卡盘夹持毛坯外圆并夹牢,手动车端面		
工序二:用自定心卡盘夹持毛坯外圆并夹牢,工件伸出卡爪端面长度约 25mm,粗、精车左端外圆		
程序号	程序	简要说明
	O5002—1;	程序名
N010	G21 G97 G99 G40;	程序初始化

(续)

程序号	程 序	简 要 说 明
N020	T0202 M03 S600;	主轴正转600r/min，选择2号93°外圆车刀
N030	G00 X90.0 Z2.0;	快速定位至φ90mm直径，距端面正向2mm
N040	G90 X80.3 Z-22.0 F0.2;	用G90循环车左端外圆
N050	X80.0 F0.1;	
N060	G00 X100.0 Z10.0 M05;	返回刀具换刀点，停主轴
N070	M30;	程序结束

工序三：掉头用自定心卡盘（垫铜皮）夹持左端φ80mm外圆并夹牢，工件伸出卡爪端面长度约62mm，车右端外轮廓及外沟槽

程序号	程 序	简 要 说 明
	O5002—2;	程序名
N010	G21 G97 G99 G40;	程序初始化
N020	T0101 M03 S800;	主轴正转800r/min，选择1号端面车刀
N030	G00 X90.0 Z5.0;	快速定位至φ90mm直径，距端面正向5mm
N040	G94 X0 Z2.0 F0.3;	用G94端面固定循环车总长
N050	Z0;	
N060	G00 X100.0 Z100.0;	退到换刀点
N070	T0202 S600;	选择2号外圆车刀，主轴正转600r/min
N080	G00 X90.0 Z2.0;	快速定位至φ90mm直径，距端面正向2mm
N090	G90 X80.0 Z-60.0 F0.2;	用G90循环车右端外圆
N100	X75.0;	
N110	X70.0;	
N120	X65.0;	
N130	X60.3;	
N140	X60.0 F0.1;	
N150	G00 X100.0 Z100.0;	退到换刀点
N160	T0303 S300;	选择3号外切槽刀，主轴正转300r/min
N170	G00 X62.0 Z-14.0;	外沟槽循环起点
N180	G75 R1.0;	G75循环切外沟槽
N190	G75 X30.0 Z-54.0 P5000 Q10000 F0.08;	
N200	G00 X100.0 Z100.0 M05;	返回刀具换刀点，停主轴
N210	M30;	程序结束

6. 注意事项

1）编程时注意，G75指令的循环起点放置的位置，Z向应设在槽内。

2）对于程序段中的Δi、Δk值，在FANUC系统中，不能输入小数点，而是直接输入以最小编程单位（μm）为单位的数值，如"P2000"表示径向每次背吃刀量为2mm。

3）切削较深槽过程中，由于切槽刀刀头面积小、散热条件差、易产生高温而降低刀片

切削性能等问题，可以选择冷却性能较好的乳化类切削液进行喷注，使刀具充分冷却。

第三节 端面切槽循环 G74 切端面槽

> **学习目标**
> 1. 掌握端面槽类零件的加工步骤和方法。
> 2. 掌握端面切槽循环 G74 的指令格式。
> 3. 正确理解 G74 指令段内部参数的意义，能根据加工要求合理确定各参数值。
> 4. 能够根据加工要求完成端面槽类零件的编程与加工。

一、端面切槽加工工艺

1. 端面切槽刀的几何形状

端面切槽刀的几何形状可以看作是外圆车刀与内孔车刀的综合，图 5-13 所示为机夹端面切槽刀。

2. 端面切槽刀的选择

端面切槽刀的左侧刀尖相当于在车削内孔，右侧刀尖相当于在车外圆。其中左刀尖处的副后刀面的圆弧半径 R 必须小于端面直槽的大圆弧半径，以防左副后刀面与工件端面槽壁相碰。端面切槽刀的结构如图 5-14 所示。一般切槽刀的刀头部分长度 = 槽深 + (2~3) mm，刀宽可根据需要选择。切槽刀主切削刃与两侧副切削刃之间应对称平直。

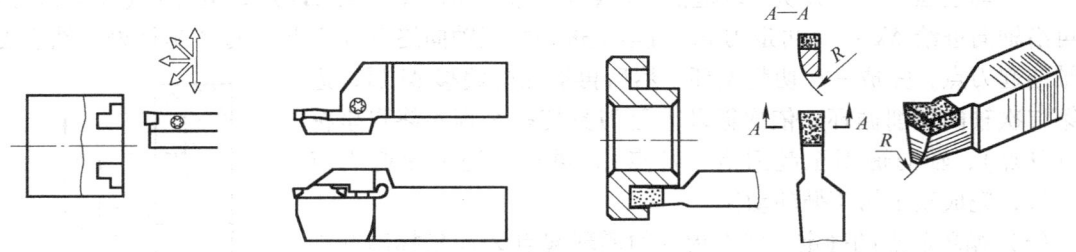

图 5-13 机夹端面切槽刀　　　　图 5-14 端面切槽刀的结构

3. 车削端面槽的方法

在端面上车精度不高、宽度较小、较浅的沟槽时，常用等宽刀直进法一次车出；精度较高的沟槽，应先粗车并留有一定的精车余量，然后再精车；对于较宽的沟槽，应采用多次直进法车削。精车时，最好先精车槽宽，再精车槽深，这样容易清角。

二、端面切槽循环指令 G74

（1）指令格式

G74 R (e)；
G74 X(U)__ Z(W)__ P (Δi) Q (Δk) R (Δd) F __；

其中：e 是每次沿 Z 方向切削 Δk 后的退刀量，其值为模态值。

X(U)__、Z(W)__是切槽终点处坐标。

Δi 是 X 方向的每次循环移动量（无符号，单位为 μm，直径值）。

Δk 是 Z 方向的每次切削移动量（无符号，单位为 μm）。

Δd 是切削到终点时 X 方向的退刀量，通常不指定，省略 X(U) 和 Δi 时，则视为 0。

F 是轴向切削时的进给速度。

（2）指令的运动轨迹及说明

G74 端面切槽循环程序指令的运动轨迹如图 5-15 所示。A 点为 G74 循环起始点，(X_, Z_) 为 G74 循环终点坐标，A 点至 B 点的距离为 X 方向总的切削量，A 点至 C 点的距离为 Z 方向总的切削量。在此循环中，可以断续分层切削，断续分层切入时便于断屑和散热。另外，G74 循环指令中的 X(U) 值可省略或设定为 0，当 X(U) 值设为 0 时，在 G74 循环执行过程中，刀具仅作 Z 向进给而不作 X 向偏移，这时，该指令可用于端面深孔钻削。

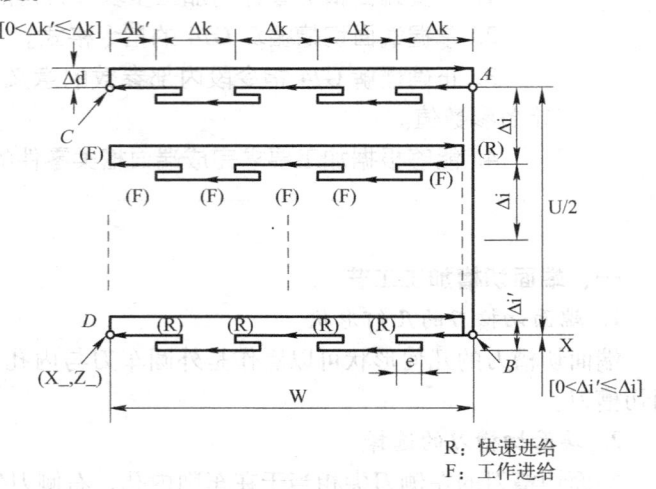

图 5-15 G74 端面切槽循环的刀具轨迹

其运动过程是：刀具从循环起点（A 点）开始，沿轴向进给 Δk 后，退刀 e（断屑），然后再沿轴向进给 Δk + e，再退刀 e，直至递进切削至轴向终点（C 点）的 Z 坐标处，然后退到轴向起刀点，完成一次切削循环。然后再沿径向偏移 Δi 后，进行第二次轴向切削循环，依次循环直至刀具切削至程序终点坐标处（D 点），轴向退刀至起刀点（B 点），再径向退刀至起刀点（A 点），完成整个切槽循环动作。

（3）循环起点的确定　G74 指令的循环起点 Z 向坐标离开端面 2mm 左右，X 向坐标为第一次切槽处刀位点的 X 坐标值。

三、G74 端面切槽编程实例

例：如图 5-16 所示工件，试采用 G74 编写其加工程序（外形已加工完毕）。切槽刀宽 3mm。

加工程序（本例以右刀尖对刀）：

O0003；

G99 G40 G21；　　　　　　　　程序初始化

T0101 M03 S800；　　　　　　换 1 号刀具选择 1 号刀补，主轴正转，800r/min

……　　　　　　　　　　　　外形程序略

G00 X100.0 Z100.0；　　　　返回换刀点

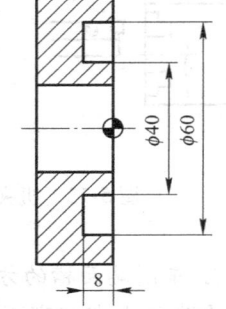

图 5-16 G74 端面切槽循环编程实例图

```
T0202 M03 S300;                    端面切槽刀，刃宽为3mm
G00 X40.0 Z2.0;                    定位至循环起点
G74 R1.0;                          退刀量1.0mm
G74 X54.0 Z-8.0 P5000 Q4000 F0.08; 终点坐标（54.0，-8.0），X向（直径）每次切
                                   入量5mm，Z向偏移量4mm，进给量0.08mm/r
G00 X100.0 Z100.0;                 返回换刀点
M30;                               程序结束
```

四、端面槽零件的编程及加工操作方法

在数控车床上完成图5-17所示较深端面槽零件的加工，毛坯尺寸为φ65mm×50mm，材料为45钢。

1. 分析零件图

该零件有一个较深的端面槽，端面槽宽14mm，零件没有几何公差要求，但尺寸精度较严格。

2. 工艺分析

1）零件有较深的端面槽，对于这类零件采用G01进行编程加工比较麻烦，而采用G74编程就比较简单。

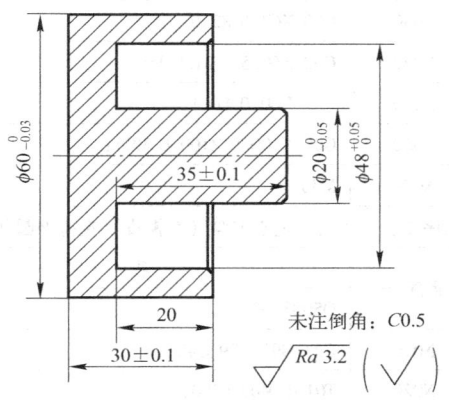

图5-17 较深外沟槽零件的编程实例图

2）零件的外圆尺寸要求较严，应先粗、精车左端外轮廓，然后粗车右端φ20mm外圆，最后再用G74粗车端面槽，用G01精车端面槽。

3）每次装夹加工都将工件坐标系原点设定在其装夹后的工件右端面中心上。工件加工程序换刀点设在（X100.0，Z100.0）的位置上。

3. 刀具选择及工件装夹方法

（1）刀具及切削用量的选择（表5-7）

表5-7 刀具卡

刀具名称	刀具号	刀尖半径	加工内容	主轴转速/(r/min)	进给量/(mm/r)	备注
端面车刀	T0101	0.4mm	车端面	800	0.3，0.1	
93°外圆车刀	T0202	0.4mm	车外轮廓	600	0.2，0.1	
端面切槽刀	T0303	0.1mm	车端面槽	300，500	0.05，0.1	4mm×37mm

（2）工件装夹方法　工件用自定心卡盘进行定位与装夹。

4. 量具选择

加工中使用的量具见表5-8所示。

表5-8 量具清单

序号	名称	规格	分度值	数量	备注
1	游标卡尺	0~150mm	0.02mm	1	
2	游标深度卡尺	0~200mm	0.02mm	1	
3	外径千分尺	0~φ25mm、φ50~φ75mm	0.01mm	各1	

5. 工件参考程序（表5-9）

表 5-9　程序卡（供参考）

主程序

工序一：用自定心卡盘夹持毛坯外圆并夹牢，车左端外圆

程序号	程　序	简　要　说　明
	O5003—1；	程序名
N010	G21 G97 G99 G40；	程序初始化
N020	T0202 M03 S600；	主轴正转 600r/min，选择 2 号 93°外圆车刀
N030	G00 X67.0 Z2.0；	快速定位至 φ67mm 直径，距端面正向 2mm
N040	G90 X60.5 Z-31.0 F0.2；	用 G90 固定循环粗车左端轮廓
N050	X60.0 F0.1；	
N060	G00 X100.0 Z100.0 M05；	返回刀具换刀点，停主轴
N070	M30；	程序结束

工序二：掉头用自定心卡盘（垫铜皮）夹持外圆并夹牢，粗车 φ20mm 外圆及左端端面槽，精车端面槽

程序号	程　序	简　要　说　明
	O5003—2；	程序名
N010	G21 G97 G99 G40；	程序初始化
N020	T0101 M03 S800；	主轴正转 800r/min，选择 1 号端面车刀
N030	G00 X67.0 Z5.0 M08；	快速定位至 φ67mm 直径，距端面正向 5mm
N040	G94 X0.0 Z1.0 F0.3；	用 G94 端面固定循环车总长
N050	Z0 F0.1；	
N060	G00 X100.0 Z100.0；	退到换刀点
N070	T0202 S600；	选择 2 号外圆车刀
N080	G00 X67.0 Z2.0；	快速定位至 φ67mm 直径，距端面正向 2mm
N090	G90 X60.0 Z-15.0 F0.2；	用 G90 循环指令粗加工 φ20mm 外圆
N100	X55.0；	
N110	X50.0；	
N120	X45.0；	
N130	X40.0；	
N140	X35.0；	
N150	X30.0；	
N160	X25.0；	
N170	X20.3；	
N180	G00 X100.0 Z100.0；	退到换刀点
N190	T0303 S300；	主轴正转 300r/min，选择 3 号端面切槽刀
N200	G00 X20.5 Z2.0；	快速定位至 φ20.5mm 直径，距端面正向 2mm
N210	G01 Z-13.0；	端面槽循环起点
N220	G74 R1.0；	用 G74 循环指令粗加工端面槽
N230	G74 X39.7 Z-34.8 P6000 Q8000 F0.1；	

(续)

程序号	程序	简要说明
N240	G00 Z2.0;	快速定位至精车起点
N250	X19.0;	
N260	G01 Z0 S500 F0.05;	精加工端面槽程序
N270	X20.0 C0.5;	
N280	Z-35.0;	
N290	X39.7;	
N300	G00-13.0;	
N310	X41.0;	
N320	Z-15.0;	
N330	X40.0 C0.5;	
N340	Z-35.0;	
N350	X39.0;	
N360	G00 Z100.0 M09;	返回换刀点,主轴停,切削液关
N370	X100.0 M05;	
N380	M30;	程序结束

6. 注意事项

1) 在 G74 指令中,当 Δk 值大于 Z 轴的移动量 W 或 Δk 值设定为负值时,机床会出现程序报警。

2) 在 G74 指令中,当 Δi 值大于 U/2 或 Δi 值设定为负值时,机床会出现程序报警。

3) 退刀量大于进刀量,即 e 值大于每次背吃刀量 Δk 时、机床会出现程序报警。

4) 编程时注意,G74 指令的循环起点放置的位置,X 向应设在槽内。

5) 安装端面切槽刀时,切削刃与工件中心应等高,并且端面切槽刀的中心线必须与轴线平行。否则车出的槽壁不平直。

第四节 调用子程序车均布梯形槽

学习目标

1. 掌握梯形槽类零件的加工步骤和方法。
2. 了解子程序的概念、格式及调用方法。
3. 熟练掌握子程序调用功能,灵活运用子程序。
4. 能够根据加工要求完成均布梯形槽零件的编程与加工。

一、子程序

1. 子程序的编程指令

(1) 子程序的概念 机床的加工程序分为主程序和子程序两类,主程序是一个完整的零件加工程序或是零件加工程序的主体部分；在编制主程序时往往需要重复调用一组程序，有时会遇到一组程序段在一个程序中多次出现。这时候我们可以把程序做成固定的程序段，单独加以命名，我们称这组程序为子程序。

子程序一般来说不可以作为独立的程序段加工，因为一般这样的程序段不会有主程序的加工准备功能，它只是其中的一部分动作。子程序结束以后，能自动返回到调用它的主程序中。

（2）子程序的嵌套　为了进一步简化加工程序，允许其子程序中再调用另一个子程序，这一功能称为子程序嵌套，如图5-18所示。子程序调用允许4级嵌套。

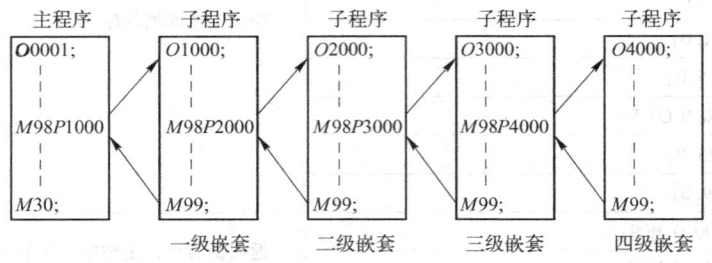

图5-18　子程序的嵌套

（3）子程序的指令格式

1）在FANUC系统中的调用：在FANUC系统中，通过辅助指令M98指令进行调用。调用子程序的程序号的地址为P，其主要的使用方式有两种，具体如下：

格式一：M98 P_ _ _ _ L_ _ _ _ ；

例：M98 P1000 L3；

表示调用O1000程序3次，L表示次数。

例：M98 P1000；

表示调用O1000程序1次。L省略表示次数为1次。

格式二：M98 P_ _ _ _ _ _ _ _ ；

地址P的后面的8位数字中，前4位表示调用次数，后四位表示子程序。

注：调用次数可省略前置0，但子程序不可省略前置0，示例如下：

例：M98 P50010；

表示调用O0010程序5次。

例：M98 P0010，表示调用子0010程序1次。

2）子程序调用的特殊用法

① 子程序返回到主程序的某一阶段如果子程序返回指令加上Pn，则子程序返回的时候，将返回到主程序段的段号处，而不是直接返回主程序。

其程序格式如下：

M99 Pn；

如：M99 P100；　　　　返回N100程序段

② 自动返回程序的开始段。如果在主程序中执行M99，则程序段将返回到主程序的开始程序段并继续执行主程序，也可以在主程序中插入"M99 Pn"用于返回指定的程序段。

为了能够执行后面的程序段，通常在该指令前加"/"以便在不需要返回执行时跳过该程序段。

③ 强制改变子程序的重复执行次数。用"M99 L_ _"可以强制改变子程序重复执行的次数，其中"L_ _"表示执行子程序的次数。假设主程序用"M98 P_ _ _ _ L99"，而子程序却采用"M99 L3"，则子程序执行 3 次。

2. 子程序的加工范围

1) 子程序可以加工内、外沟槽。
2) 子程序可以加工内、外轮廓。
3) 子程序可以加工螺纹。

使用子程序可以减少不必要的重复编程，从而达到简化编程的目的，其作用相当于一个固定循环。

3. 子程序编程的注意事项

1) 编写子程序时应尽量使用增量编程。
2) 加工外圆时，车刀循环次数是从起刀点到工件起始直径的值除以背吃刀量。
3) 加工沟槽时的循环次数应为车削沟槽的数量。
4) 主程序号与子程序号相似，不同点是子程序用 M99 结束。
5) 子程序执行完请求的次数以后系统会返回到主程序 M98 的下一句继续执行。如果子程序后没有 M99，将不能返回主程序。

二、子程序编程实例

运用子程序编制图 5-19 所示工件外轮廓的加工程序。

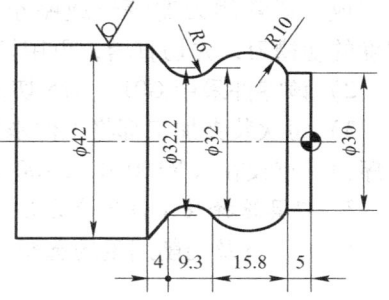

图 5-19 子程序编程实例图

加工程序：

O0004；	主程序
G99 G40 G21；	程序初始化
T0101 M03 S800；	换 1 号成形车刀选择 1 号刀补，主轴正转 800r/min
G00 X42.0 Z2.0；	快速定位至起刀点
M98 P60005；	调用 0005 号子程序 6 次
G00 X100.0 Z100.0；	返回换刀点
M30；	程序结束
O0005；	子程序
G01 U-2.0；	第一次 X 向进给 2mm
W-7.0；	车削 ϕ30mm 外圆
G03 U2.0 W-15.8 R10.0；	车削 R10mm 圆弧
G02 U0.2 W-9.3 R6.0；	车削 R6mm 圆弧
G01 U9.8 W-4.0；	车削锥面
G01 U2.0；	X 向退刀

```
G00 W36.1;              Z向退刀,回到起刀点
U-14.0;                 X向进到第一刀的加工切入点
M99;                    子程序结束
```

三、均布梯形槽零件的编程及加工操作方法

在数控车床上完成图 5-20 所示均布梯形槽零件的加工,毛坯尺寸为 φ50mm ×75mm,材料为 45 钢。

1. 分析零件图

该零件有三个梯形槽,梯形槽的尺寸精度要求不高,但槽侧面的表面粗糙度要求较高。

2. 工艺分析

1) 零件梯形槽加工余量较大,表面粗糙度要求较高,不宜采用成形车刀一次完成。通常用刀宽等于或略小于槽底宽度的切槽刀,先切直槽,再用切槽刀左右切削,最终车出斜面。

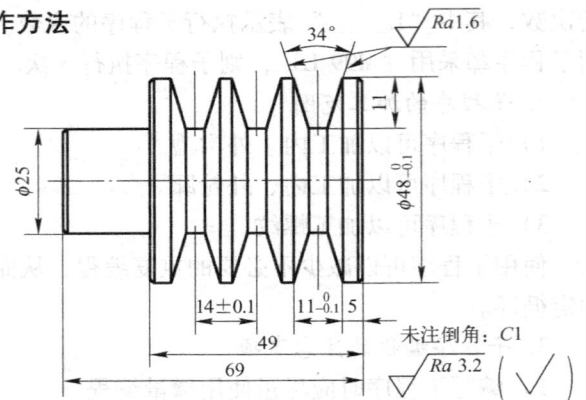

图 5-20 均布梯形槽零件的编程实例图

2) 该零件采用 G01、G75 切槽指令编程加工比较麻烦,而采用子程序编程就比较简单。

3) 每次装夹加工都将工件坐标系原点设定在其装夹后的工件右端面中心上。工件加工程序换刀点设在(X100.0,Z100.0)的位置上。

3. 刀具选择及工件装夹方法

(1) 刀具及切削用量的选择(表 5-10)

表 5-10 刀具卡

刀具名称	刀具号	刀尖半径	加工内容	主轴转速/(r/min)	进给量/(mm/r)	备注
端面车刀	T0101	0.4mm	车端面	800	0.3	
93°外圆车刀	T0202	0.4mm	车外轮廓	800	0.2,0.1	
切槽刀	T0303	0.1mm	车梯形槽	400	0.08	3mm×15mm

(2) 工件装夹方法 工件用自定心卡盘进行定位与装夹。

4. 量具选择

加工中使用的量具见表 5-11。

表 5-11 量具清单

序号	名称	规格	分度值	数量	备注
1	游标卡尺	0~150mm	0.02mm	1	
2	游标深度卡尺	0~200mm	0.02mm	1	
3	外径千分尺	φ25~φ50mm	0.01mm	1	
4	34°梯形样板			1	

5. 数值计算

右端第一个梯形槽加工如图 5-21 所示。选择刀宽为 3mm 的切槽刀,先从 $A \rightarrow B$ 直接切入,切槽宽 3mm,再反向退出。槽左侧斜面按照 $A \rightarrow B' \rightarrow C' \rightarrow A$ 的轨迹切出,剩余 1mm 槽底

宽。槽右侧斜面按照 A→B″→C″→A 的轨迹切出。

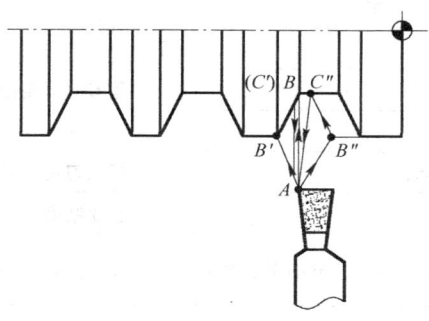

图 5-21 梯形槽加工轨迹各基点坐标

以左刀尖对刀,切入点为(X50.0,Z-12.65)的各基点坐标见表 5-12。

表 5-12 基点坐标

加工阶段	基点	坐标值
切直槽	A	X50.0,Z-12.65
	B	X26.0,Z-12.65
	A	X50.0,Z-12.65
切左侧斜面	A	X50.0,Z-12.65
	B′	X48.0,Z-16.0
	C′	X26.0,Z-12.65
	A	X50.0,Z-12.65
切右侧斜面	A	X50.0,Z-12.65
	B″	X48.0,Z-9.0
	C″	X26.0,Z-12.35
	A	X50.0,Z-12.65

6. 工件参考程序(表 5-13)

表 5-13 程序卡(供参考)

主程序		
工序一:用自定心卡盘夹持毛坯外圆并夹牢,车左端 φ25mm 外圆		
程序号	程序	简要说明
	O5004—1;	程序名
N010	G21 G97 G99 G40;	程序初始化
N020	T0202 M03 S800;	主轴正转 800r/min,选择 2 号 93°外圆车刀
N030	G00 X52.0 Z2.0;	快速定位至 φ52mm 直径,距端面正向 2mm
N040	G90 X45.0 Z-20.0 F0.2;	用 G90 固定循环车左端 φ25mm 外圆
N050	X40.0;	
N060	X35.0;	

(续)

程序号	程序	简要说明
N070	X30.0;	
N080	X25.5;	用 G90 固定循环车左端 φ25mm 外圆
N090	X25.0 F0.1;	
N100	G00 X100.0 Z100.0 M05;	返回刀具换刀点，停主轴
N110	M30;	程序结束

工序二：掉头用自定心卡盘（垫铜皮）夹持 φ25mm 外圆并夹牢，车总长及外圆，最后粗、精车均布梯形槽

程序号	程序	简要说明
	O5004—2;	程序名
N010	G21 G97 G99 G40;	程序初始化
N020	T0101 M03 S800;	主轴正转 800r/min，选择 1 号端面车刀
N030	G00 X52.0 Z5.0 M08;	快速定位至 φ52mm 直径，距端面正向 5mm
N040	G94 X0 Z1.0 F0.3;	用 G94 端面固定循环车总长
N050	Z0 F0.1;	
N060	G00 X100.0 Z100.0;	退到换刀点
N070	T0202 S800;	选择 2 号 93° 外圆车刀，主轴正转 800r/min
N080	G00 X52.0 Z2.0;	快速定位至 φ52mm 直径，距端面正向 2mm
N090	G90 X48.3 Z-49.0 F0.2;	用 G90 循环指令加工 φ48mm 外圆
N100	X48.0 F0.1;	
N110	G00 X100.0 Z100.0;	退到换刀点
N120	T0303 S400;	选择 3 号外切槽刀，主轴正转 400r/min
N130	G00 X50.0 Z1.5;	快速定位至粗车梯形槽加工起点
N140	M98 P31111;	调用粗车子程序三次
N150	G00 X50.0 Z1.5;	快速定位至精车梯形槽加工起点
N160	M98 P32222;	调用精车子程序三次
N170	G00 X100.0 Z100.0;	退到换刀点
N180	M30;	程序结束

子程序

粗加工时的子程序，梯形槽两侧面留 0.15mm 加工余量

程序号	程序	简要说明
	O1111;	程序名
N010	G00 W-14.0;	定位至切入点
N020	G01 U-24.0 F0.08;	切直槽至槽底
N030	G04 X2.0;	暂停 2s
N040	G00 U24.0;	退刀
N050	G01 U-2.0 W-3.35;	进给至槽左侧斜面粗加工起点

(续)

程序号	程　序	简　要　说　明
N060	U-22.0 W3.35;	粗切左侧斜面
N070	G00 U24.0;	退刀
N080	G01 U-2.0 W3.35;	进给至槽右侧斜面粗加工起点
N090	U-22.0 W-3.35;	粗切右侧斜面
N100	G00 U24.0;	退刀
N110	M99;	子程序结束

子程序

精加工时的子程序

程序号	程　序	简　要　说　明
	O2222;	程序名
N010	G00 W-14.0;	定位至切入点
N020	G01 U-2.0 W-3.5 F0.08;	进给至槽左侧斜面精加工起点
N030	U-22.0 W3.35;	精切左侧斜面
N040	G00 U24.0;	退刀
N050	G01 U-2.0 W3.65;	进给至槽右侧斜面精加工起点
N060	U-22.0 W-3.35;	精切右侧斜面
N070	G00 U24.0;	退刀
N080	M99;	子程序结束

7. 注意事项

1）在编写子程序的过程中，最好采用增量坐标方式进行编程，以避免出现错误。
2）因零件外形尺寸公差不一致，编程时注意按外形尺寸的中间值进行编程。
3）进行对刀操作时，要注意切槽刀刀位点的选取。
4）加工沟槽时循环次数应为车削沟槽的数量。
5）梯形槽编程时，注意刀宽的影响及尺寸之间的换算。

第六章 螺纹加工

第一节 普通外螺纹加工

学习目标

1. 掌握普通外螺纹加工的相关工艺知识。
2. 掌握普通外螺纹加工的相关计算方法。
3. 掌握螺纹加工指令 G32、G92 的格式及功能。
4. 正确理解 G32、G92 指令段内部参数的意义,熟悉其加工动作及运动轨迹。
5. 能够根据加工要求完成普通外螺纹的编程与加工。

一、普通螺纹的加工工艺知识

1. 普通螺纹的概念

普通螺纹是一种常见的零件结构,它主要应用在连接和传动件上,在机器设备中用途十分广泛。普通螺纹有很多种类,按用途不同可分为机械紧固螺纹和传动螺纹;按形成螺旋线的形状可分为圆柱螺纹和圆锥螺纹;按螺旋线的旋向可分为右旋螺纹和左旋螺纹;按螺旋线的线数可分为单线螺纹和多线螺纹。

2. 普通螺纹的加工方法

(1) 直进法 车削时,螺纹车刀沿 X 方向间歇进给切削至牙底槽处,同时达到所要求的尺寸和表面粗糙度,这种方法叫直进法,如图 6-1a 所示。直进法车螺纹可以得到比较准确的牙型,但是车刀刀尖全参加切削,切削力较大,而且排屑困难。因此在切削时,两侧切削刃易磨损,螺纹不易车光,容易产生"扎刀"现象,从而造成螺纹中径误差过大。直进法一般多用于小螺距螺纹的加工。

(2) 斜进法 车削时,螺纹车刀沿牙型角斜向间歇进给切削至牙底槽处,同时达到所要求的尺寸和表面粗糙度,这种方法叫斜进法,如图 6-1b 所示。由于斜进法为单侧刃加工,切削刃容易损伤和磨损,使加工的螺纹面不直,另外刀尖角易发生变化,而造成牙型精度误差过大。但由于其为单侧刃工作,刀具负载较小,排屑容易,并且背吃刀量为递减式,故此加工方法一般适用于大螺距螺纹加工。斜进法粗车螺纹后,必须用左右切削法精车螺纹才能使螺纹的两侧都获得较小的表面粗糙度。

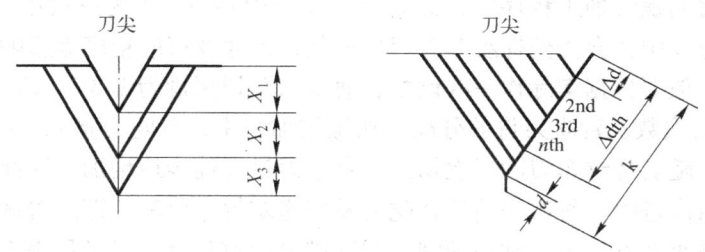

图 6-1　螺纹的加工方法
a) 直进法　b) 斜进法

3. 普通螺纹的尺寸计算

(1) 普通螺纹切削径向尺寸计算　普通螺纹的代号用字母"M 公称直径×螺距"表示，单位均为 mm，例如：M36×1.5 等。普通螺纹主要参数的计算公式见表 6-1。

表 6-1　普通螺纹基本牙型及尺寸计算

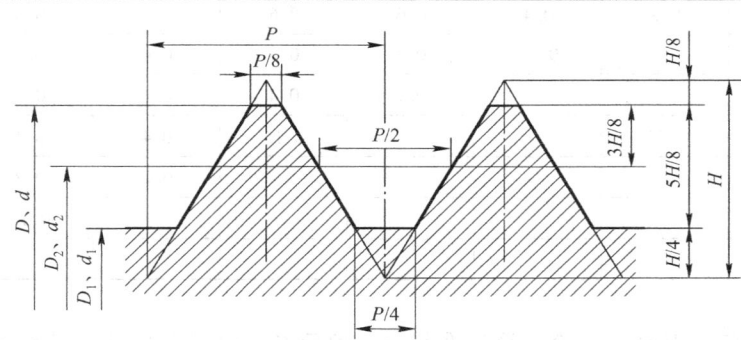

名　　称			计 算 公 式
牙型角 α			$\alpha = 60°$
原始三角形高度			$H = 0.866P$
内、外螺纹	大径$(D)d$		$(D)d =$ 公称直径
	中径$(D_2)d_2$		$D_2(d_2) = D(d) - 0.6495P$
	小径$(D_1)d_1$		$D_1(d_1) = D(d) - 1.0825P$
	牙高 h		$h = 5H/8 = 0.5413P$
螺纹升角			$\tan\phi = \dfrac{nP}{\pi d_2}$

(2) 螺纹编程直径的确定　车外螺纹时，考虑到螺纹的公差要求和螺纹切削过程中对大径的挤压作用，编程或车削过程中的实际大径应比其公称直径略小，按经验公式取值约 $0.13P$，车好螺纹后牙顶处有 $0.125P$ 的顶宽。即：

外螺纹的实际编程大径：$d_大 \approx d - 0.13P$

(3) 螺纹总切深的确定　螺纹总切深与螺纹牙型高度及螺纹中径的公差带有关。考虑到直径编程，在编制螺纹加工程序时，总切深量 $h_总 = 2h + T$，T 为螺纹中径公差带的中值。在实际加工中，螺纹中径会受到螺纹车刀刀尖形状、尺寸及刃磨精度等影响，为了保证螺纹中径达到要求，一般要根据实际作一些调整，通常取总切深量为 $1.3P$。即：$h_总 \approx 1.3P$

(4) 径向进给次数及背吃刀量的分配　在螺纹加工中，背吃刀量 a_p 等于螺纹车刀切入工件表面的深度，随着螺纹车刀的每次切入，背吃刀量在逐步地增加。因此当螺纹牙型高度较大时，一般分数次进给，每次进给的背吃刀量按递减规律分配，即随着螺纹的牙型高度的加大，要相应的减小背吃刀量。常用的螺纹切削进给次数和背吃刀量见表6-2。

表 6-2　常用螺纹切削进给次数和背吃刀量　　　　　　　　（单位：mm）

	螺距	1	1.5	2.0	2.5	3	3.5	4
普通螺纹：牙型高度 = $0.6495 \times P$，P 是螺纹螺距								
牙型高度（半径量）		0.650	0.974	1.299	1.624	1.949	2.273	2.598
进给次数和背吃刀量（直径量）	1次	0.7	0.8	0.9	1.0	1.2	1.5	1.5
	2次	0.4	0.6	0.6	0.7	0.7	0.7	0.8
	3次	0.2	0.4	0.6	0.6	0.6	0.6	0.6
	4次		0.16	0.4	0.4	0.4	0.6	0.6
	5次			0.1	0.4	0.4	0.4	0.4
	6次				0.15	0.4	0.4	0.4
	7次					0.2	0.2	0.4
	8次						0.15	0.3
	9次							0.2

表中给出的背吃刀量及进给次数为推荐值，编程者可以根据自己的经验和实际情况进行选择。

4. 普通外螺纹车刀的选择与安装

(1) 普通外螺纹车刀的选择　在数控车床上加工螺纹与在普通车床上车削螺纹相比，车削时的进给速度要高出许多，螺纹刀片刀尖处的作用力要高几十甚至几百倍。切削速度较快，切削力较大，因此数控车削加工普通螺纹时一般采用可转位普通螺纹车刀如图6-2所示，该车刀使用全牙型螺纹刀片。

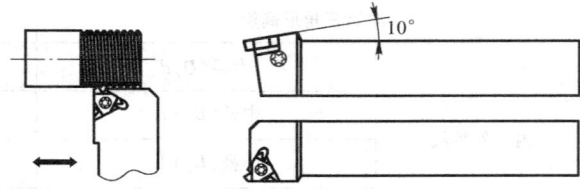

图 6-2　普通外螺纹车刀

(2) 普通外螺纹车刀的安装　车削普通螺纹时，为了保证牙型角正确，对螺纹车刀的安装要求是很严格的：

1) 牙型对称中心线垂直于工件轴线。
2) 车刀伸出刀座的长度不应超过刀杆截面高度的1.5倍。
3) 刀尖高度必须对准工件中心。

为了保证牙型角正确，通常用带有 V 形块的螺纹角度样板安装螺纹车刀。带有 V 形块的螺纹角度样板后面有一个 V 形角尺面，装刀时将其靠在螺纹外圆面上作为基准，以保证螺纹车刀的刀尖角的中心线相对于螺纹工件轴线垂直，如图 6-3 所示。

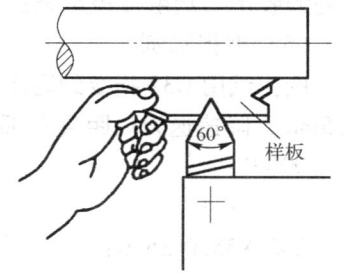

图 6-3 用 V 形块安装螺纹车刀

二、常用螺纹加工指令

1. 基本编程指令

（1）指令格式

    G32 X（U）__ Z（W）__ F __;

其中：X（U）__、Z（W）__ 是螺纹的终点坐标。

F 是螺纹的导程。如果是单线螺纹，则为螺距值。

（2）功能　切削加工圆柱螺纹、圆锥螺纹和端面螺纹。

（3）运动轨迹及指令说明　用 G32 指令加工圆柱螺纹时的运动轨迹如图 6-4a 所示。G32 指令近似于 G01 指令，刀具从 B 点以每转进给一个导程/螺距的速度切削至 C 点。其切削的运动轨迹通过四个程序段来实现，如图中的 AB（X 向以 G00 速度进给至螺纹起点）、BC（G32 螺纹切削）、CD（X 向以 G00 速度退刀）、DA（Z 向以 G00 速度退刀）。

用 G32 指令加工圆锥螺纹时的运动轨迹如图 6-4b 所示，该轨迹与用 G32 加工圆柱螺纹切削循环轨迹相似，只是螺纹起点和螺纹终点的直径不一致，车削出的螺纹就是圆锥螺纹。螺纹起点直径和螺纹终点直径需要通过精确计算才能保证螺纹锥度的正确性。

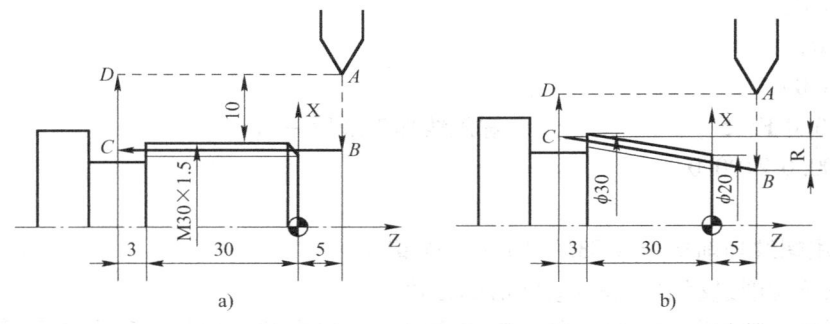

图 6-4　G32 螺纹指令的运动轨迹

（4）螺纹轴向起点和终点位置的确定　升速进刀段 δ_1 和降速退刀段 δ_2 的确定。车削螺纹时，沿螺旋线方向的进给应与机床主轴的旋转保持严格的速比关系，即主轴每转一圈，刀尖移动距离为一个导程或螺距值（单线）。但在实际车削螺纹的开始时，伺服系统不可避免地会有一个加速过程，结束前也相应地会有一个减速过程。在这两个过程中，螺距或导程得不到有效保证。故在安排工艺时必须考虑设置合理的升速进刀段 δ_1 和降速退刀段 δ_2，如图 6-5 所示。

δ_1 和 δ_2 的数值与机床拖动系统的动态特性有关，还与螺纹的导程（或螺距）和螺纹的精度有关。一般 δ_1 取 2~3Ph，对大螺距和高精度的螺纹则取较大

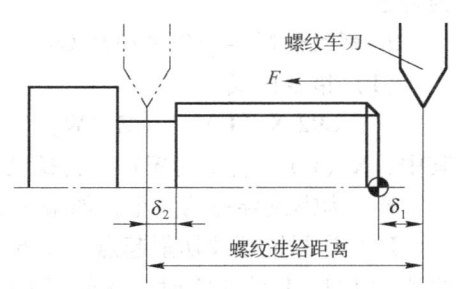

图 6-5　螺纹切削的升速段和降速段

值；δ_2 一般取 1~2Ph，退刀槽较宽时取较大值。若螺尾处没有退刀槽，则取 $\delta_2 = 0$。此时，该处的收尾形状由数控系统的功能设定。

(5) 编程示例

例：试用 G32 指令编写图 6-4 所示工件的螺纹加工程序。螺纹切削升速进刀段距离 δ_1 取 5mm，降速退刀处距离 δ_2 取 3mm。

O0001；
……
G00 X35.0 Z5.0；   升速进刀距离 $\delta_1 = 5$
　　X29.0；   螺纹第一次背吃刀量
G32 Z-33.0 F1.5；   螺旋线加工第一刀
G00 X35.0；   X 向退刀
　　Z5.0；   Z 向退刀
　　X28.5
G32 Z-33.0 F1.5；   螺旋线加工第二刀
G00 X35.0；
　　Z5.0；
　　X28.2
G32 Z-33.0 F1.5；   螺旋线加工第三刀
G00 X35.0；
　　Z5.0；
　　X28.05；
G32 Z-33.0 F1.5；   螺旋线加工最后一刀
G00 X100.0 Z100.0；
M30；

(6) 使用螺纹切削指令 (G32) 时的注意事项

1) 在螺纹切削过程中，进给速度倍率无效。

2) 在螺纹切削过程中，进给暂停功能无效，如果在螺纹切削过程中按了【进给暂停】按钮，刀具将在执行了非螺纹切削的程序段后停止。

3) 在螺纹切削过程中，主轴速度倍率功能失效。

4) 在螺纹切削过程中，不宜使用恒表面切削速度控制功能，而采用恒转速控制功能较为合适。

2. 螺纹切削单一固定循环 G92

(1) 指令格式

　　　G92 X (U) __ Z (W) __ F __ R __；

其中：X (U) __、Z (W) __ 为螺纹切削终点处的坐标。

F __ 为螺纹导程的大小，如果是单线螺纹，则为螺距的大小。

R __ 为圆锥螺纹切削起点（图 6-6b 中 B 点）处的 X 坐标减其终点（C 点）处的 X 坐标之值的 1/2。R 值为零时，在程序中可省略不写，此时的螺纹为圆柱螺纹。

(2) 功能　该指令适用对圆柱螺纹和圆锥螺纹进行循环切削，每指定一次，螺纹切削自动进行一次循环。

(3) 运动轨迹及指令说明　用 G92 指令切削圆柱螺纹时的运动轨迹如图 6-6a 所示。与 G90 循环相似，运动轨迹也是一个矩形轨迹。刀具从循环起点 A 沿 X 向快速移动至 B 点，然后以 1Ph/r 的进给速度沿 Z 向切削进给至 C 点，再从 X 向快速退刀至 D 点，最后返回循环起点 A，准备下一次循环。

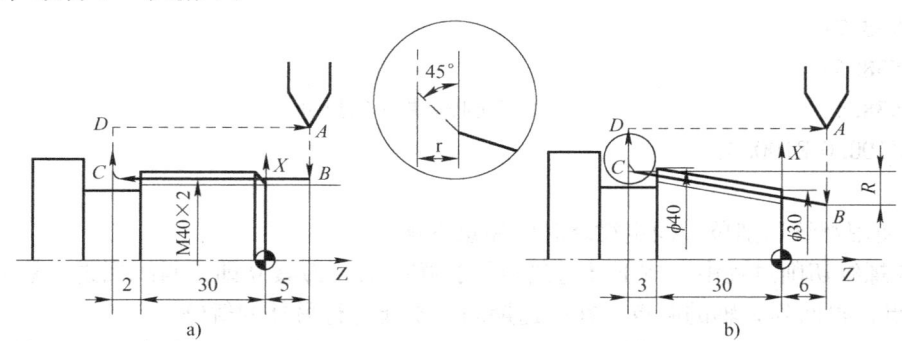

图 6-6　G92 螺纹切削单一固定循环运动轨迹图

用 G92 指令切削圆锥螺纹时的运动轨迹如图 6-6b 所示，该轨迹与用 G92 切削圆柱螺纹切削循环轨迹相似（即原水平直线 BC 改为斜线）。

圆锥螺纹中的 R 值与 G90 中 R 值的计算方法一样，在编程时除要注意有正、负值之分外，还要根据不同长度来确定 R 值的大小。如图 6-6b 所示，用于确定 R 值的长度为（30 + 6 + 3）mm，其 R 值的大小应按该长度计算，即 $(d_{小} - d_{大})/H = 2R/(30+6+3)$，其中 H 为圆锥长度，以保证螺纹锥度的正确性。

(4) 循环起点的确定　在 G92 循环编程中，仍应注意循环起点的正确选择。通常情况下，X 向循环起点取在离外圆表面 2mm 左右的地方，Z 向的循环起点一般按 2～3 倍的螺距来进行选取。

(5) 编程实例　试用 G92 指令编写图 6-6 所示圆柱螺纹和圆锥螺纹的加工程序。

1) 圆柱螺纹的加工程序

O0002;
T0101 M03 S600;
G00 X42.0 Z5.0;　　　　　　　　快速定位至螺纹切削循环起点
G92 X39.0 Z-32.0 F2.0;　　　　　调用圆柱螺纹切削循环（X、Z 值为 C 点坐标）
　　X38.5;　　　　　　　　　　 重复调用圆柱螺纹切削循环
　　X38.0;
　　X37.7;
　　X37.5;
　　X37.4;　　　　　　　　　　 车削圆柱螺纹到尺寸
G00 X100.0 Z100.0;
M30;

2) 圆锥螺纹的加工程序

O0003;

```
T0101 M03 S600；
G00 X42.0 Z6.0；            快速定位至螺纹切削循环起点
G92 X40.0 Z-33.0 F2.0 R-6.5；调用圆锥螺纹切削循环（X、Z值为C点坐标）
    X39.5；                 重复调用圆锥螺纹切削循环
    X39.0；
    X38.7；
    X38.5；
    X38.4；                 车削圆锥螺纹到尺寸
G00 X100.0 Z100.0；
M30；
```

（6）使用螺纹切削单一固定循环时的注意事项

1）在螺纹切削过程中，按下【进给暂停】按钮时，刀具立即按斜线回退，然后先回到X轴的起点，再回到Z轴的起点。在回退期间，不能进行另外的暂停。

2）如果在单段方式下执行 G92 循环，则每执行一次循环必须按 4 次【循环启动】按钮。

3）G92 指令是模态指令，当 Z 轴移动量没有变化时，只需对 X 轴指定其移动指令即可重复执行固定循环动作。

4）执行 G92 循环时，在螺纹切削的螺尾处，刀具沿接近 45°的方向斜向退刀，Z 向退刀距离 $r = 0.1Ph \sim 12.7Ph$，见图 6-6，该值由系统参数设定。

5）在 G92 指令执行过程中，进给速度倍率和主轴速度倍率均无效。

三、螺纹的测量

螺纹的主要测量参数有螺距、大径、小径和中径尺寸。

（1）大、小径的测量 外螺纹大径和内螺纹小径的公差一般较大，可用游标卡尺或千分尺测量。

（2）螺距的测量 螺距一般可用钢直尺或螺距牙规测量，如图 6-7 所示。由于普通螺纹的螺距一般较小，所以采用钢直尺测量时，最好多测量几个螺距的长度，这样就能得出一个比较正确的螺距尺寸。

（3）中径的测量 对精度较高的普通螺纹，可用如图 6-8 所示的螺纹千分尺直接测量，所测得的读数就是该螺纹中径的实际尺寸；也可用三针测量法进行间接测量（三针测量法仅适用于外螺纹的测量），但需通过计算后，才能得到其中径尺寸。

（4）综合测量 综合测量是指用如图 6-9 所示的螺纹环规或螺纹塞规综合检查内、外普通螺纹是否合格。使用螺纹量规时，应按其对应的公差等级进行选择。

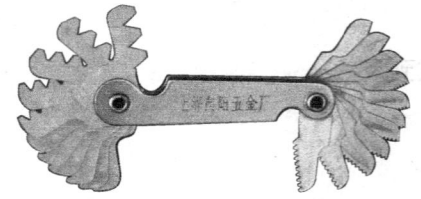

图 6-7 螺距牙规

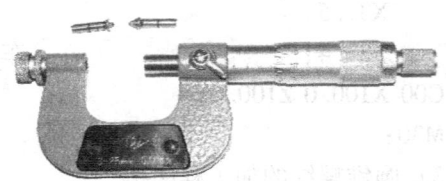

图 6-8 外螺纹千分尺

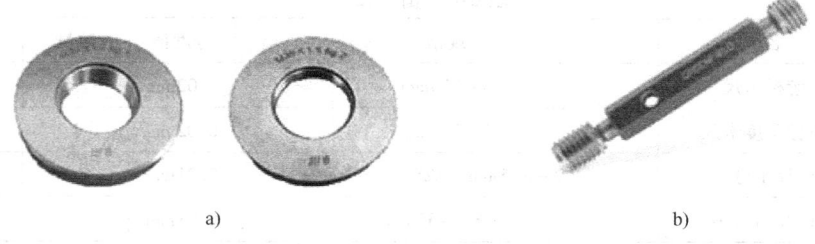

图 6-9 螺纹环规与螺纹塞规
a)螺纹环规 b)螺纹塞规

四、圆锥螺纹套的编程及加工操作方法

在数控车床上完成图 6-10 所示的圆锥螺纹套的加工,毛坯尺寸为 $\phi 45\text{mm} \times 50\text{mm}$,材料为 45 钢。

1. 分析零件图

该零件有一个圆锥螺纹,圆锥螺纹大端直径 $\phi 40\text{mm}$,小端直径 $\phi 36\text{mm}$,螺距为 1.5mm,零件没有几何公差要求,但内孔和外圆尺寸精度较严格。

2. 工艺分析

1)零件的圆锥螺纹采用 G32 进行编程加工比较麻烦,应采用 G92 编程。

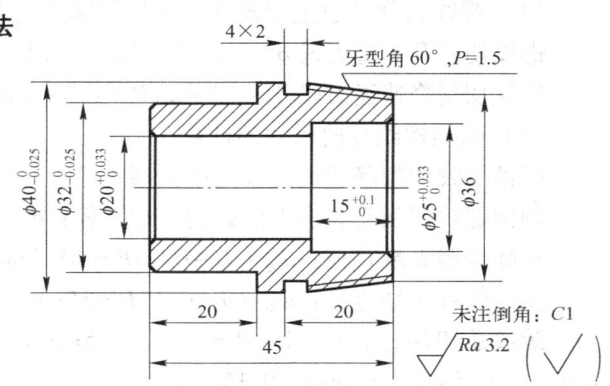

图 6-10 圆锥螺纹套的编程实例图

2)应先加工零件左端外轮廓,然后掉头用 G71、G92 指令加工右端外轮廓及圆锥螺纹,最后用 G71 指令加工零件内轮廓。

3)每次装夹加工都将工件坐标系原点设定在其装夹后的工件右端面中心上。工件加工程序换刀点设在(X100.0,Z100.0)的位置上。

3. 刀具选择及工件装夹方法

(1)刀具及切削用量的选择(表 6-3)

表 6-3 刀具卡

刀具名称	刀具号	刀尖半径	加工内容	主轴转速/(r/min)	进给量/(mm/r)	备注
端面车刀	T0101	0.4mm	车端面	1000	0.3,0.1	
93°外圆车刀	T0202	0.4mm	车外轮廓	1000,1200	0.2,0.1	
60°外螺纹车刀	T0303		车外圆锥螺纹	800		
内孔车刀	T0404	0.2mm	车内孔	800,1000	0.2,0.1	$\phi 18\text{mm} \times 50\text{mm}$
外切槽刀	T0505	0.1mm	车外沟槽	600	0.08	4mm×10mm
$\phi 18\text{mm}$ 钻头			钻孔	400	手动	

(2)工件装夹方法 工件用自定心卡盘进行定位与装夹。

4. 量具选择

加工中使用的量具见表 6-4。

表 6-4 量具清单

序号	名称	规格	分度值	数量	备注
1	游标卡尺	0~150mm	0.02mm	1	
2	游标深度卡尺	0~200mm	0.02mm	1	
3	外径千分尺	0~ϕ25mm, ϕ25~ϕ50mm	0.01mm	各1	
4	内径指示表	ϕ18~ϕ35mm	0.01mm	1套	

5. 圆锥螺纹相关尺寸计算

(1) 螺纹切削升速进刀段和螺纹切削降速退刀段的确定

螺纹切削升速进刀段 $\delta_1 \approx (2~3)P = 3~4.5$mm，取 4mm。

螺纹切削降速退刀段 $\delta_2 \approx (1~2)P = 1.5~3$mm，取 2mm。

(2) 圆锥螺纹径向尺寸的计算

圆锥螺纹切削降速退刀段处的大端直径：$D = 36$mm $+ 2 \times (2 \times 18/16)$mm $= 40.5$mm；

圆锥螺纹切削升速进刀段处的小端大径：$d = 36$mm $- 2 \times (2 \times 4/16)$mm $= 35$mm；

实际编程大端直径：$d_{大} \approx D - 0.13P = 40.5$mm $- 0.13 \times 1.5$mm $= 40.3$mm；

实际编程小端直径：$d_{小} \approx d - 0.13P = 35$mm $- 0.13 \times 1.5$mm $= 34.8$mm；

螺纹总切深量：$h \approx 1.3P = 1.3 \times 1.5$mm $= 1.95$mm，分四次切削，背吃刀量依次为 1.0mm、0.5mm、0.3mm、0.15mm。

(3) 螺纹加工起点和终点位置的确定

螺纹加工起点坐标为：(42.0, 4.0)；

终点坐标依次为：第一刀 (39.5, -18.0)；第二刀 (39.0, -18.0)；第三刀 (38.7, -18.0)；第四刀 (38.55, -18.0)。

(4) 圆锥螺纹中 R 值的确定 用于确定 R 值的长度为 $H + \delta_1 + \delta_2 = 16$mm $+ 4$mm $+ 2$mm $= 22$mm，其 R 值的大小应按该长度计算，即 $(d_{小} - d_{大})/H = 2R/(16 + 4 + 2)$，R 值为 -2.75mm。

6. 工件参考程序（表6-5）

表 6-5 程序卡（供参考）

主程序		
工序一：用自定心卡盘夹持毛坯外圆并夹牢，工件伸出卡爪端面长度约30mm，车左端面，钻孔ϕ18mm		
工序二：用自定心卡盘夹持毛坯外圆并夹牢，粗、精车左端外轮廓		
程序号	程序	简要说明
	O6001—1；	程序名
N010	G21 G97 G99 G40；	程序初始化
N020	T0202 M03 S1000；	主轴正转1000r/min，选择2号93°外圆车刀
N030	G00 X47.0 Z2.0；	快速定位至ϕ47mm 直径，距端面正向2mm
N040	G71 U2.0 R0.5；	用 G71 复合循环车左端外轮廓
N050	G71 P60 Q120 U0.3 W0.1 F0.2；	

（续）

程序号	程　　序	简　要　说　明
N060	G00 X30.0;	左端外轮廓精加工程序
N070	G01 Z0 S1200 F0.1;	
N080	X32.0 Z-1.0;	
N090	Z-20.0;	
N100	X40.0;	
N110	Z-28.0;	
N120	X45.0;	
N130	G70 P60 Q120;	G70 精车指令
N140	G00 X100.0 Z100.0 M05;	返回刀具换刀点，停主轴
N150	M30;	程序结束

工序三：掉头用自定心卡盘（垫铜皮）夹持 φ32mm 外圆并夹牢，车右端外轮廓及沟槽和圆锥螺纹

程序号	程　　序	简　要　说　明
	O6001—2;	程序名
N010	G21 G97 G99 G40;	程序初始化
N020	T0101 M03 S1000;	主轴正转 1000r/min，选择 1 号端面车刀
N030	G00 X47.0 Z5.0 M08;	快速定位至 φ47mm 直径，距端面正向 5mm
N040	G94 X16.0 Z1.0 F0.3;	用 G94 端面固定循环车总长
N050	Z0 F0.1;	
N060	G00 X100.0 Z100.0;	退到换刀点
N070	T0202 S1000;	选择 2 号外圆刀
N080	G00 X47.0 Z2.0;	快速定位至 φ47mm 直径，距端面正向 2mm
N090	G71 U2.0 R0.5;	用 G71 复合循环车右端外轮廓
N100	G71 P110 Q150 U0.3 W0.1 F0.2;	
N110	G00 X36.0;	右端外轮廓精加工程序
N120	G01 Z0 S1200 F0.1;	
N130	X40.0 Z-16.0;	
N140	Z-19.0;	
N150	X45.0;	
N160	G70 P110 Q150;	G70 精车指令
N170	G00 X100.0 Z100.0;	退到换刀点
N180	T0505 S600;	主轴正转 600r/min，选择 5 号外切槽刀
N190	G00 X42.0 Z-20.0;	快速定位至退刀槽加工起点
N200	G01 X36.0 F0.08;	加工退刀槽
N210	G04 X2.0;	
N220	G01 X42.0;	
N230	G00 X100.0 Z100.0;	退到换刀点

（续）

程序号	程　序	简　要　说　明
N240	T0303 S800；	主轴正转 800r/min，选择 3 号外螺纹刀
N250	G00 X42.0 Z4.0；	快速定位至圆锥螺纹循环起点
N260	G92 X39.5 Z-18.0 R-2.75 F1.5；	G92 加工圆锥螺纹
N270	X39.0；	
N280	X38.7；	
N290	X38.55；	
N300	G00 X100.0 Z100.0 M05；	返回换刀点，主轴停
N310	M30；	程序结束

工序四：粗、精车右端内轮廓

程序号	程　序	简　要　说　明
	O6001—3；	程序名
N010	G21 G97 G99 G40；	程序初始化
N020	T0404 M03 S800；	主轴正转 800r/min，选择 4 号内孔车刀
N030	G00 X18.0 Z2.0；	快速定位至 ϕ18mm 直径，距端面正向 2mm
N040	G71 U2.0 R0.5；	用 G71 复合循环车左端外轮廓
N050	G71 P60 Q120 U-0.3 W0.1 F0.2；	
N060	G00 X27.0；	右端内轮廓精加工程序
N070	G01 Z0 S1000 F0.1；	
N080	X25.0 Z-1.0；	
N090	Z-15.0；	
N100	X20.0；	
N110	Z-46.0；	
N120	X18.0；	
N130	G70 P60 Q120；	G70 精车指令
N140	G00 Z100.0 M05；	返回换刀点，主轴停
N150	M30；	程序结束

7. 注意事项

1）从螺纹粗加工到精加工，主轴的转速必须保持一常数。

2）在螺纹加工轨迹中应设置足够的升速进刀段 δ_1 和降速退刀段 δ_2，以消除伺服系统滞后造成的螺距误差。

3）在螺纹切削中，主轴不能停止，如果进给停止，背吃刀量会急剧增加而造成危险。

4）因受机床结构及数控系统的影响，车螺纹时对主轴的转速有一定的限制。

5）螺纹加工中的进给次数和背吃刀量（进刀量）会直接影响螺纹的加工质量，车削螺纹时的进给次数和背吃刀量可参考相关数据。

第二节　双线内螺纹加工

学习目标

1. 掌握内螺纹加工的相关工艺知识。
2. 掌握多线螺纹的相关工艺知识。
3. 掌握多线螺纹的分线方法和切削方法。
4. 能够根据加工要求完成双线内螺纹的编程与加工。

一、内螺纹的加工工艺知识

1. 内螺纹尺寸计算

（1）内螺纹的小径　内螺纹的小径即顶径，车削三角形内螺纹时，考虑螺纹的公差要求和螺纹切削过程中对小径的挤压作用，所以车削内螺纹前的孔径（即实际小径 D'_1）要比内螺纹小径 D_1 略大些，可采用下列近似公式计算：

车削塑性金属的内螺纹的编程小径：$D'_1 \approx D_1 - P$

车削脆性金属的内螺纹的编程小径：$D'_1 \approx D_1 - 1.05P$

（2）内螺纹的大径　内螺纹的大径即底径，取螺纹的公称直径 D 值，该直径为内螺纹切削终点处的 X 坐标。

（3）内螺纹的中径　在数控车床上，内螺纹的中径是通过控制螺纹的削平高度（由螺纹车刀的刀尖体现）、牙型高度、牙型角和大径来综合控制的。

（4）螺纹总切深　内螺纹加工中，螺纹总切深的取值与外螺纹加工相同，即 $h \approx 1.3P$（直径量）。

2. 内螺纹车刀

数控加工中，常用的机夹式内螺纹车刀如图 6-11 所示。内螺纹的车削方法与外螺纹的加工方法基本相同，编程所用的指令也相同，但进、退刀方向相反。车削内螺纹时，由于内螺纹车刀的大小受内螺纹底孔直径的限制，所以会有刀杆细、刚性差、切屑不易排出、切削液不易注入及不便观察等问题，比车削外螺纹要难一些。一般内螺纹车刀刀体的径向尺寸应至少比底孔直径小 3~5mm，否则退刀时易碰伤牙顶。

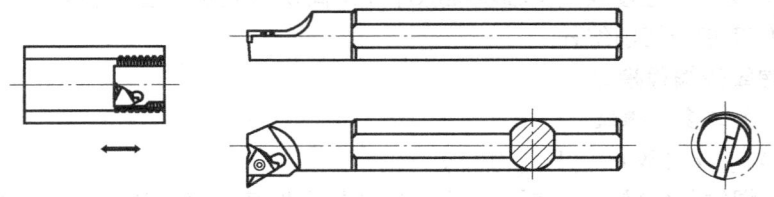

图 6-11　内螺纹车刀

装夹内螺纹车刀时，应使刀尖对准工件中心，同时使两刃夹角中线垂直于工件轴线。实际操作中，必须严格按样板找正刀尖角，见图 6-12a，刀杆伸出长度稍大于螺纹长度，刀装好后应在孔内移动刀架至终点检查是否会发生碰撞，如图 6-12b 所示。

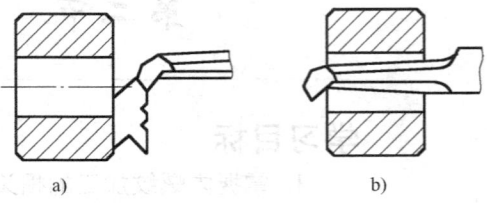

图 6-12 内螺纹车刀的装夹

二、多线螺纹的加工工艺知识

1. 多线螺纹的概念

沿一条螺旋线所形成的螺纹叫单线螺纹，沿两条或两条以上在轴向等距分布的螺旋线所形成的螺纹叫多线螺纹。

2. 多线螺纹的标记

多线螺纹的尺寸代号为"公称直径×Ph 导程 P 螺距—中径公差带代号"表示；左旋螺纹需在代号之后加注"LH"，右旋不标注，例如

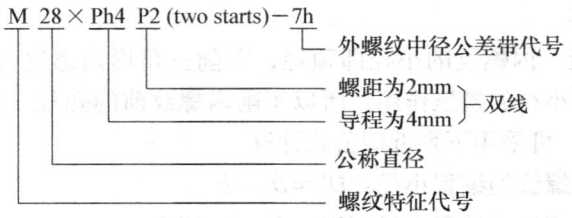

3. 多线螺纹的导程

同一条螺旋线上相邻两牙在中径线上对应两点之间的轴向距离叫导程 Ph，多线螺纹的导程与螺距的关系是：

$$Ph = nP$$

式中　Ph——导程（mm）；

　　　n——螺旋线线数；

　　　P——螺纹的螺距（mm）。

4. 多线螺纹的分线方法

数控车削分线相对普通机床分线要简便得多，不需要进行繁琐的分线操作，只需对加工程序稍加调整，即可加工出精度较高的多线螺纹。多线螺纹的分线方法有：

（1）轴向分线法　通过改变 Z 向起点的距离来完成分线目的。这种方法切削时是按照螺纹的导程车好第一条螺旋槽，然后把车刀沿螺纹轴线方向（Z 向）精确移动一个螺距，再车第二条螺旋槽。

（2）圆周分线法　通过改变主轴基准脉冲处距离切削起点的主轴转角来完成分线目的。这种方法用于 G32 指令切削编程。

三、多线螺纹的编程指令

1. G32 指令加工多线螺纹

G32 X（U）＿ Z（W）＿ F＿ Q＿；

其中：Q 是螺纹起始转角。该值为不带小数点的非模态值，其单位为 0.001°。如果是单线螺纹，则该值不用指定，这时该值为 0。

G32 指令中其他参数与本章第一节中讲 G32 指令参数相同。

2. G92 指令加工内螺纹

G92 指令加工内螺纹的指令格式同于外螺纹加工，只是刀具运动轨迹不同，如图 6-13 所示。

加工多线内螺纹时应注意：G92 指令中的 F 值为螺纹导程值，循环起点应指定在工件被加工面之外，特别注意循环起点的 X 坐标应小于切削螺纹底孔的直径，但不能过小，否则退刀时刀杆的另一侧面会与内圆表面发生碰撞，如图 6-14 所示。

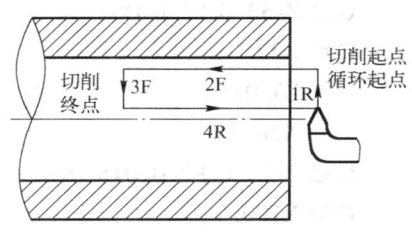

图 6-13　G92 内螺纹加工路线

3. 编程示例

例：试用 G32 指令编写图 6-15 所示的多线螺纹的加工程序（螺纹切削升速进刀距离 δ_1 取 5mm，降速退刀距离 δ_2 取 3mm）。

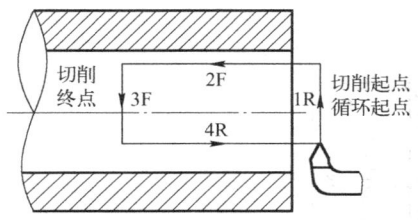

图 6-14　循环起点 X 坐标过小

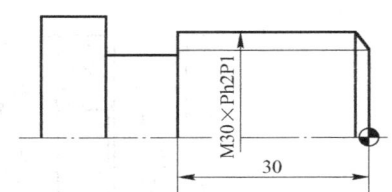

图 6-15　G32 车多线螺纹实例图

```
O0004；
……
G00 X32.0 Z5.0；           升速进刀距离 δ₁=5mm
    X29.2；
G32 Z-33.0 F2.0 Q0；        加工第一条螺旋线，螺纹起始角为 0°
G00 X32.0；
    Z5.0；
    X29.2；
G32 Z-33.0 F2.0 Q180000；   加工第二条螺旋线，螺纹起始角为 180°
G00 X32.0；
    Z5.0；
    X28.8
G32 Z-33.0 F2.0 Q0；        第二次切削加工第一条螺旋线
G00 X32.0；
    Z5.0；
    X28.8
G32 Z-33.0 F2.0 Q180000；   第二次切削加工第二条螺旋线
G00 X32.0；
    Z5.0；
```

```
        X28.7
G32 Z-33.0 F2.0 Q0;              加工完成第一条螺旋线
G00 X32.0;
    Z5.0;
    X28.7
G32 Z-33.0 F2.0 Q180000;         加工完成第二条螺旋线
G00 X100.0;
    Z100.0;
M30;
```

四、双线内螺纹套的编程及加工操作方法

在数控车床上完成图 6-16 所示的双线内螺纹套的加工，毛坯尺寸为 φ55mm×60mm，材料为 45 钢。

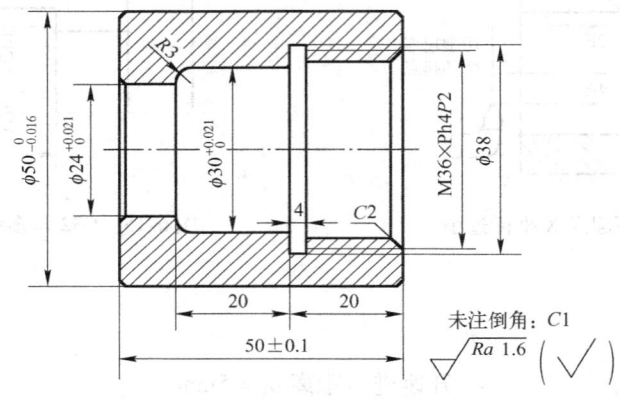

图 6-16 双线内螺纹的编程实例图

1. 分析零件图

根据零件图中螺纹标注可知，零件右端内螺纹为双线螺纹，公称直径为 φ36mm，导程为 4mm，螺距为 2mm。零件没有几何公差要求，但内孔和外圆尺寸精度要求较严，表面粗糙度要求较高。

2. 工艺分析

1) 零件中的双线螺纹采用 G32 指令圆周分线进行编程加工比较繁琐，应采用 G92 指令轴向分线进行编程加工。

2) 零件应先加工外轮廓，然后夹住 φ50mm 外圆用 G71 指令加工右端内轮廓和用 G92 指令加工双线内螺纹。

3) 每次装夹加工都将工件坐标系原点设定在其装夹后的工件右端面中心上。工件加工程序换刀点设在 (X100.0, Z100.0) 的位置上。

3. 刀具选择及工件装夹方法

(1) 刀具及切削用量的选择 (表 6-6)

表6-6 刀具卡

刀具名称	刀具号	刀尖半径	加工内容	主轴转速/(r/min)	进给量/(mm/r)	备注
端面车刀	T0101	0.4mm	车端面	800	0.3, 0.1	
93°外圆车刀	T0202	0.4mm	车外轮廓	800, 1000	0.2, 0.1	
内孔车刀	T0303	0.2mm	车内孔	600, 1000	0.2, 0.1	$\phi20mm \times 55mm$
内切槽刀	T0404	0.1mm	车内沟槽	400	0.08	$4mm \times 5mm$
60°内螺纹车刀	T0505		车双线内螺纹	500		$\phi30mm \times 30mm$
$\phi22mm$ 钻头			钻孔	400	手动	

(2) 工件装夹方法 工件用自定心卡盘进行定位与装夹。

4. 量具选择

加工中使用的量具见表6-7。

表6-7 量具清单

序号	名称	规格	分度值	数量	备注
1	游标卡尺	0~150mm	0.02mm	1	
2	游标深度卡尺	0~200mm	0.02mm	1	
3	外径千分尺	$0 \sim \phi25mm$, $\phi25 \sim \phi50mm$	0.01mm	各1	
4	内径指示表	$\phi18 \sim \phi35mm$	0.01mm	1套	
5	半径样板	$R1 \sim R6.5mm$		1	
6	螺纹塞规	$M36 \times Ph4P2$		1套	

5. 双线内螺纹相关尺寸计算

(1) 双线内螺纹径向尺寸计算

内螺纹的底孔直径:$D_{孔} \approx D - P = 36mm - 2mm = 34mm$

螺纹总切深量:$h \approx 1.3P = 1.3 \times 2mm = 2.6mm$,分五次切削,背吃刀量依次为1.0mm、0.7mm、0.5mm、0.3mm、0.1mm。

(2) 双线内螺纹加工起点和终点位置的确定

1) 双线内螺纹加工起点坐标确定。

双线内螺纹加工起点 X 坐标应小于螺纹底孔直径 1~2mm,取值为32mm。

双线内螺纹加工起点 Z 坐标为:第一条螺旋线的螺纹切削升速进刀段 $\delta_1 \approx (2 \sim 3)P = 4 \sim 6mm$,取 Z 坐标为6mm;第二条螺旋线的 Z 坐标应偏移第一条螺旋线 Z 坐标一个螺距(2mm),取 4mm 或 8mm。

螺纹加工起点坐标:第一条螺旋线为 (32.0, 6.0),第二条螺旋线为 (32.0, 8.0)。

2) 双线内螺纹加工终点坐标确定。

双线内螺纹加工终点 X 坐标应为螺纹大径,即内螺纹的底径,取值为36mm。

双线内螺纹加工终点 Z 坐标为:降速退刀段加上螺纹长度,即降速退刀段 $\delta_2 \approx (1 \sim 2)P = 2 \sim 4mm$,取 2mm 加上螺纹长度 16mm;所以双线内螺纹加工终点 Z 坐标为-18mm。

故螺纹加工终点坐标为 (36.0, -18.0)。

6. 工件参考程序(表6-8)

表 6-8 程序卡（供参考）

主程序

工序一：用自定心卡盘夹持毛坯外圆并夹牢，工件伸出卡爪端面长度约 52mm，车左端面，钻孔 φ22mm

工序二：用自定心卡盘夹持毛坯外圆并夹牢，粗、精车左端外圆

程序号	程 序	简要说明
	O6002—1；	程序名
N010	G21 G97 G99 G40；	程序初始化
N020	T0202 M03 S800；	主轴正转 800r/min，选择 2 号 93°外圆车刀
N030	G00 X57.0 Z2.0；	快速定位至 φ57mm 直径，距端面正向 2mm
N040	G90 X51.5 Z-51.0 F0.2；	用 G90 循环粗车左端外圆
N050	G00 X48.0；	精加工左端外圆及倒角
N060	G01 Z0 S1000 F0.1；	
N070	X50.0 Z-1.0；	
N080	Z-51.0；	
N090	X-55.0；	
N100	G00 X100.0 Z100.0 M05；	返回刀具换刀点，停主轴
N110	M30；	程序结束

工序三：掉头用自定心卡盘（垫铜皮）夹持 φ50mm 外圆并夹牢，车右端内轮廓及内沟槽和双线内螺纹

程序号	程 序	简要说明
	O6002—2；	程序名
N010	G21 G97 G99 G40；	程序初始化
N020	T0101 M03 S800；	主轴正转 800r/min，选择 1 号端面车刀
N030	G00 X57.0 Z10.0 M08；	快速定位至 φ57mm 直径，距端面正向 10mm
N040	G94 X20.0 Z5.0 F0.3；	用 G94 端面固定循环车总长
N050	Z3.0；	
N060	Z1.0；	
N070	Z0 F0.1；	
N080	G00 X100.0 Z100.0；	退到换刀点
N090	T0303 S600；	选择 3 号内孔车刀
N100	G00 X20.0 Z2.0；	快速定位至 φ20mm 直径，距端面正向 2mm
N110	G71 U2.0 R0.5；	用 G71 复合循环车右端内轮廓
N120	G71 P130 Q210 U-0.3 W0.1 F0.2；	

(续)

程序号	程 序	简 要 说 明
N130	G00 X38.0;	右端内轮廓精加工程序
N140	G01 Z0 S1000 F0.1;	
N150	X34.0 Z-2.0;	
N160	Z-20.0;	
N170	X30.0;	
N180	Z-37.0;	
N190	G03 X24.0 Z-40.0 R3.0;	
N200	G01 Z-51.0;	
N210	X20.0;	
N220	G70 P130 Q210;	G70 精车指令
N230	G00 Z100.0;	退到换刀点
N240	T0404 S400;	主轴正转400r/min，选择4号内切槽刀
N250	G00 X32.0;	快速定位至退刀槽加工起点
N260	Z-20.0;	
N270	G01 X38.0 F0.08;	加工退刀槽
N280	G04 X2.0;	
N290	G01 X32.0;	
N300	G00 Z100.0;	退到换刀点
N310	G00 X100.0;	
N320	T0505 S500;	主轴正转500r/min，选择5号60°内螺纹车刀
N330	G00 X32.0 Z6.0;	快速定位至第一条螺旋线循环起点
N340	G92 X35.0 Z-18.0 F4.0;	G92 加工第一条螺旋线
N350	X35.5;	
N360	X35.8;	
N370	X36.0;	
N380	G00 X32.0 Z8.0;	快速定位至第二条螺旋线循环起点
N390	G92 X35.0 Z-18.0 F4.0;	G92 加工第二条螺旋线
N400	X35.5;	
N410	X35.8;	
N420	X36.0;	
N430	G00 X100.0 Z100.0 M05;	返回换刀点，主轴停
N440	M30;	程序结束

7. 注意事项

1) 螺纹加工过程中主轴转速要保持一致。
2) 内螺纹加工时要注意刀杆是否会与内孔发生干涉。
3) 在使用 G92 指令编程时，注意各参数的含义和各参数的使用单位。

4) 双线螺纹各尺寸应按螺距来计算,加工时按导程编程。

5) 由于多线螺纹的螺纹升角大,车刀两侧后角要相应增减。

第三节 梯形螺纹加工

学习目标

1. 掌握梯形螺纹加工的相关工艺知识。
2. 掌握梯形螺纹加工的相关计算。
3. 掌握螺纹加工指令 G76 的格式、功能。
4. 正确理解 G76 指令段内部参数的意义,熟悉其加工动作及运动轨迹。
5. 能够根据加工要求完成梯形螺纹的编程与加工。

一、梯形螺纹的加工工艺知识

1. 梯形螺纹的概念

梯形螺纹牙型为等腰梯形,米制梯形螺纹的牙型角为 30°(英制梯形螺纹的牙型角为 29°)。内、外梯形螺纹配合时侧面贴紧不易松动,传动精度高,所以常用于传动螺纹。

2. 梯形螺纹主要参数计算

梯形螺纹的代号用字母"Tr 公称直径×螺距"表示,单位均为 mm,例如:Tr42×6 - 7e 等。梯形螺纹主要参数的计算公式见表 6-9。

表 6-9 梯形螺纹的基本尺寸及计算

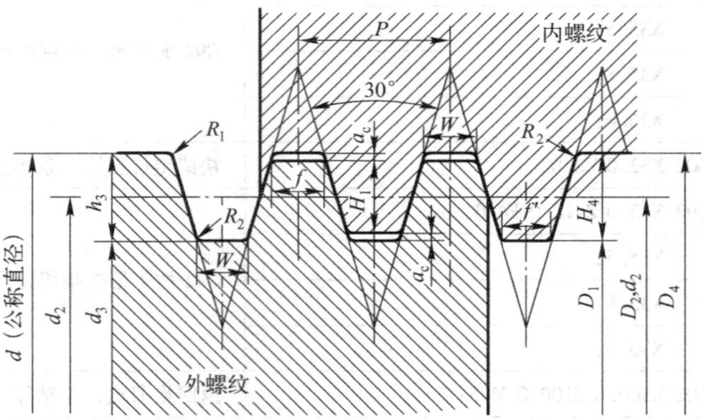

名　　称	计　算　公　式			
牙型角 α	$\alpha = 30°$			
螺距 P	由螺纹标准确定			
	P/mm	1.5 ~ 5	6 ~ 12	14 ~ 44
牙顶间隙 a_c	a_c/mm	0.25	0.5	1

(续)

名 称		计 算 公 式
外螺纹	大径 d	公称直径
	中径 d_2	$d_2 = d - 0.5P$
	小径 d_3	$d_3 = d - 2h_3$
	牙高 h_3	$h_3 = 0.5P + a_c$
内螺纹	大径 D_4	$D_4 = d + 2a_c$
	中径 D_2	$D_2 = d_2$
	小径 D_1	$D_1 = d - P$
	牙高 H_4	$H_4 = h_3$
牙顶宽 f, f'		$f = f' = 0.366P$
牙底宽 W, W'		$W = W' = 0.366P - 0.536a_c$
螺纹升角		$\tan\phi = \dfrac{P}{\pi d_2}$

梯形螺纹牙型尺寸可以从表 6-10 中查出。

表 6-10 梯形螺纹牙型尺寸 （单位：mm）

螺距 P	外螺纹牙高 h_3	牙顶宽 f	牙底宽 W
2	1.25	0.73	0.60
3	1.75	1.10	0.97
4	2.25	1.46	1.33
5	2.75	1.83	1.55
6	3.5	2.20	1.93
8	4.5	2.93	2.66
10	5.5	3.66	3.39
12	6.5	4.39	4.12
16	9	5.86	5.32
20	11	7.32	6.78
24	13	8.78	8.24
32	17	11.71	11.17
40	21	14.64	14.10
44	23	17.57	17.03

3. 梯形螺纹加工刀具的选择及安装

（1）梯形螺纹刀具的选择　梯形螺纹车刀与普通螺纹车刀一样都是机械夹固式可转位车刀，梯形螺纹车刀外形和机夹刀片，如图 6-17 所示。车削较大螺距的梯形螺纹时一般用手工刃磨的高速钢车刀。

图 6-17 梯形螺纹车刀
a) 梯形螺纹车刀外形　b) 梯形螺纹刀片

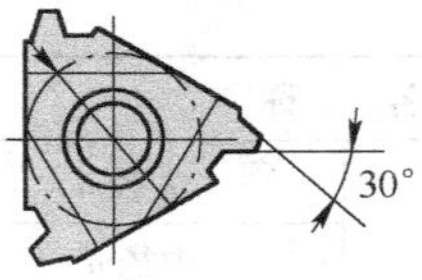

（2）刀尖宽度尺寸　牙型角为30°的梯形螺纹车刀刀尖宽度尺寸为

刀尖宽度（牙底宽）= 0.366 × 螺距 − 0.536 × 牙顶间隙

（3）梯形螺纹车刀安装的注意事项

1）车刀主切削刃必须与工件旋转中心等高，同时应和工件轴线平行。

2）刀头的角平分线要垂直于工件的轴线，用对刀样板或游标万能角度尺找正，如图 6-18 所示。

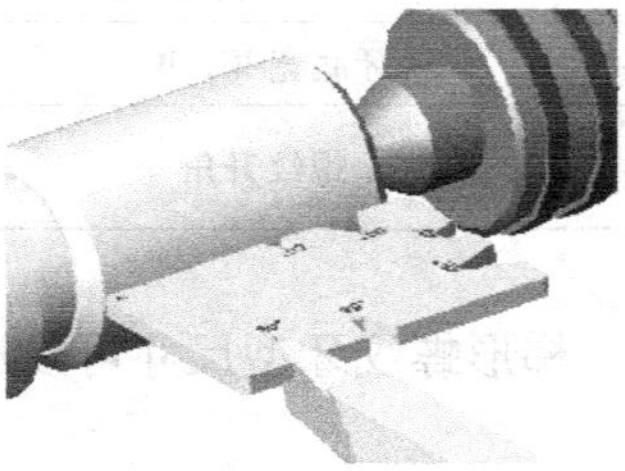

4. 梯形螺纹的车削方法

（1）直进法　车削时，螺纹车刀沿 X 方向间歇进给切削至牙底处，见图 6-19a，同时达到所要求的尺寸和表面粗糙度，这种方法叫直进法。直进法在数控车床上可以采用 G92 指令来实现，但在车削梯形螺纹时，由于螺纹车刀是三刃切削，加工排屑困难，导致切削力和切削热增加，所以刀尖磨损严重。当进给量过大时，容易产生"扎刀"和"打刀"现象。这种方法适合车削较小螺距的螺纹。

图 6-18　梯形螺纹车刀的找正

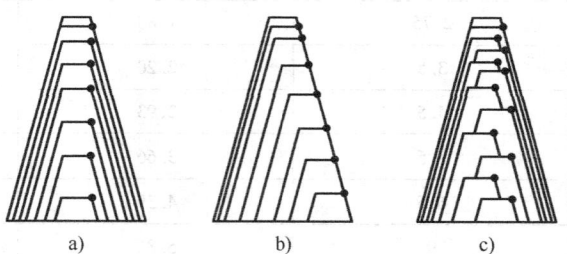

图 6-19　梯形螺纹的几种车削方法
a) 直进法　b) 斜进法　c) 左右切削法

（2）斜进法　车削时，螺纹车刀沿牙型角斜向间歇进给切削至牙底处，见图 6-19b，同时达到所要求的尺寸和表面粗糙度，这种方法叫斜进法。斜进法在数控车床上可以采用 G76 指令来实现，在车削梯形螺纹时，螺纹车刀只有两个切削刃参加切削，排屑比较顺利，刀尖的受力和受热情况有所改善，不容易产生"扎刀"现象。这种方法适合车削较大螺距的螺纹。

（3）左右切削法　车削时，螺纹车刀沿牙型角两边左、右交错进给切削至牙底处，见图 6-19c，同时达到所要求的尺寸和表面粗糙度，这种方法叫左右切削法。左右切削法在数控车床上也可以采用 G76 指令来实现，在车削梯形螺纹时，螺纹车刀只有一个切削刃参加切削，排屑比较顺利，刀尖的受力和受热情况都非常好。这种方法适合车削大螺距的螺纹。

（4）刀具 Z 向偏置精车法　在梯形螺纹的实际加工中，通过一次 G76 循环斜进法切削螺纹时，无法精确控制螺纹中径和牙侧的表面粗糙度要求。为此在粗车完螺纹后，可采用刀具 Z 向偏置后再进行一次 G76 循环或 G92 循环加工来达到要求，同时为减少空刀精修牙侧，可将 G76 指令中第一次背吃刀量值 Δd 改为螺纹高度 h 的值，这样螺纹第一刀就直接进给到牙底，进行精修牙侧。刀具 Z 向的偏置量必须经过精确计算，Z 向偏置的计算方法可以从图 6-20 推出：$\triangle AO_1O_2 \cong \triangle BCE$，$AO_2 = BE$；$\triangle CEF$ 为等腰三角形，则 $EF = 2BE = 2AO_2$；$AO_2 = AO_1 \times \tan15°$。刀具 Z 向偏置量 $EF = 2AO_2 = 2AO_1 \times \tan15° = 0.536 AO_1$。

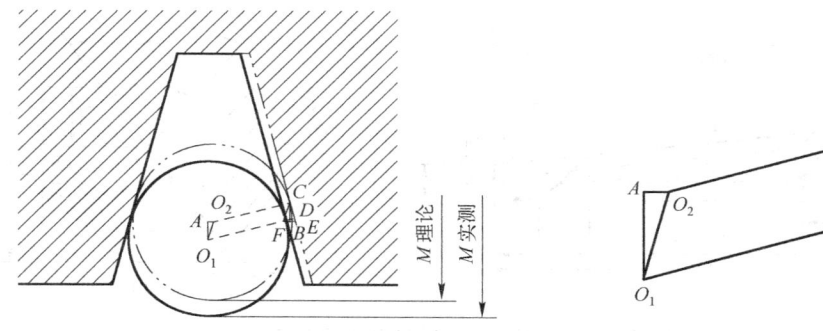

图 6-20　刀具 Z 向偏置量

二、梯形螺纹加工指令

1. 车梯形螺纹的编程指令 G76

（1）指令格式

G76 P(m)(r)(a) Q(Δdmin) R(d)；

G76 X(U)＿　Z(W)＿　R(i)　P(k)　Q(Δd)　F(L)；

其中：m 是精车重复次数，从 01～99，用两位数表示，该参数为模态量。

r 是螺纹尾端倒角量，该值的大小可设置在 0～9.9P 之间，系数应为 0.1P 的整倍数，用 00～99 之间的两位整数来表示，其中 P 为导程，该参数为模态量。

a 是刀尖角度，可从 80°、60°、55°、30°、29°、0°六个角度中选择，用两位整数来表示，该参数为模态量。

Δdmin 是最小背吃刀量，用半径值编程指定，单位为 μm。车削过程中每次的车削背吃刀量为（$\Delta d\sqrt{n} - \Delta d\sqrt{n-1}$），当计算值小于此极限值时，车削背吃刀量锁定在这个值，该参数为模态量。

d 是精加工余量，用半径值编程指定，单位为 μm，该参数为模态量。

X（U）、Z（W）是螺纹终点绝对坐标或增量坐标。

i 是螺纹锥度值，用半径编程指定。如果 i = 0 则为圆柱螺纹，可省略。

k 是螺纹牙型高度，用半径值编程指定，单位为 μm。

Δd：第一次车削背吃刀量，用半径值编程指定，单位为 μm。

L 是螺纹的导程。如果是单线螺纹，则该值为螺距。

（2）功能　该指令用于多次自动循环车螺纹，数控加工程序中只需指定一次，并在指令中定义好有关参数,则能自动进行加工。车削过程中,除第一次背吃刀量外,其余各次背吃刀量自动计算。

(3) 运动轨迹及指令说明　G76 螺纹切削复合循环的运动轨迹如图 6-21a 所示。以圆锥外螺纹为例,刀具从循环起点 A 处,以 G00 方式沿 X 向进给至螺纹牙顶 X 坐标处(B 点,该点的 X 坐标值 = 小径 + 2k),然后沿与基本牙型一侧平行的方向进给,见图 6-21b, X 向背吃刀量为 Δd,再以螺纹切削方式切削至与 Z 向终点距离为 r 处,倒角退刀至 D 点的 Z 向坐标,再沿 X 向退刀至 D 点,最后返回 A 点,准备第二刀切削循环。如此分多刀切削循环,直至循环结束。

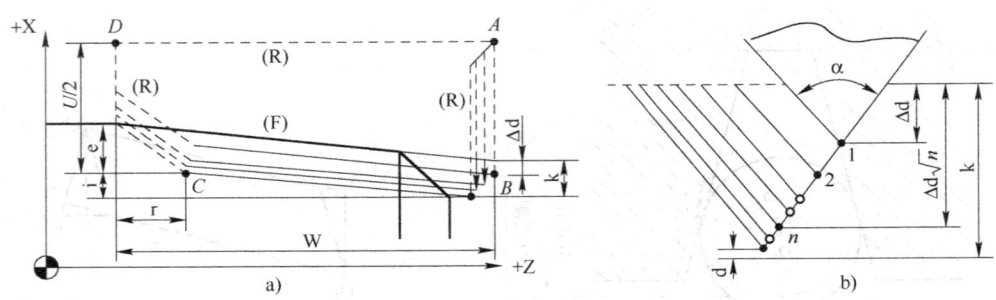

图 6-21　G76 循环的运动轨迹及进刀轨迹

第一刀切削循环时,背吃刀量为 Δd,见图 6-21b,第 n 刀的背吃刀量为 $(\sqrt{n} - \sqrt{n-1})\Delta d$。因此,执行 G76 循环的背吃刀量是逐步递减的。G76 指令的进刀方式是螺纹车刀向深度方向并沿与基本牙型一侧平行的方向进刀,从而保证了螺纹粗车过程中始终用一个切削刃进行切削,减小了切削阻力,提高了刀具寿命,为螺纹的精车质量提供了保证。

在 G76 循环指令中,m、r、a 用地址符 P 及后面各两位数字指定,每个两位数中的前置 0 不能省略。

例:P021260

该例的具体含义为:精加工次数"02"即 m = 2 次;倒角量"12"即 r = 12 × 0.1P = 1.2P(P 是导程);螺纹牙型角"60"即 α = 60°。

2. 编程示例

在数控车床上,试用 G76 指令编写图 6-22 所示的外螺纹的加工程序。

O0005;
G99 G40 G21;
......
T0303;
M03 S400;
G00 X32.0 Z6.0;
G76 P021060 Q50 R50;　　　加工外螺纹,设定精加工两次,精加工余量

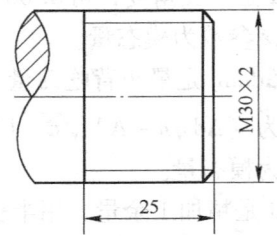

图 6-22　G76 指令编程实例图

为 0.1mm,倒角量等于 1 倍螺距,牙型角为 60°,最小背吃刀量为 0.1mm

程序	说明
G76 X27.4 Z-25.0 P1300 Q300 F2.0；	设定螺纹牙高为1.3mm，第一刀背吃刀量为0.6mm
G00 X32.0 Z6.2；	Z向移动一个精车量0.2mm
G76 P021060 Q50 R50；	精修外螺纹（第一次背吃刀量改为牙高1.3mm，直接精修牙侧面）
G76 X27.4 Z-25.0 P1300 Q1300 F2.0；	
G00 X100.0 Z100.0；	
M30；	

3. G76 螺纹切削复合循环指令的注意事项

1) G76 可以在 MDI 方式下使用。

2) 在执行 G76 循环时，如按下【进给暂停】按钮，则刀具在完成螺纹切削后的程序段暂停。

3) G76 指令为非模态指令，所以必须每次指定。

4) 在执行 G76 时，如要进行手动操作，刀具应返回到循环停止位置。如果没有等刀具返回到循环停止位置就重新启动循环操作，手动操作的位移将叠加在该条程序段停止时的位置上，刀具轨迹就多移动了一个手动操作的位移量。

三、梯形螺纹的测量

（1）梯形螺纹牙型角的测量　梯形螺纹牙型角可以用游标万能角度尺来测量，其测量方法如图 6-23 所示。

（2）梯形螺纹中径的测量

1) 三针法。用三根量针测量螺纹中径是一种比较精密的测量方法。测量时将三根量针放置在螺纹两侧相对应的螺旋槽内，用千分尺量出两边量针顶点之间的距离 M，如图 6-24 所示。根据 M 值可以计算出螺纹中径的实际尺寸。用三针法测量时，M 值和中径 d_2 的计算关系见表 6-11。

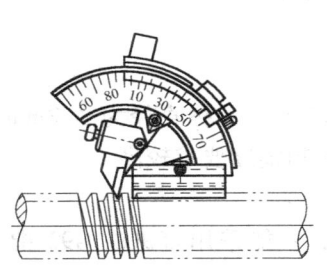

图 6-23　用游标万能角度尺测量梯形螺纹的牙型角

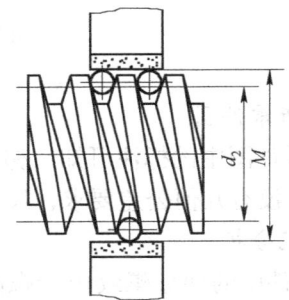

图 6-24　三针法测量螺纹中径

表 6-11　三针法测量螺纹中径 d_2 的计算公式

螺纹	牙型角 α	M 值计算公式	量针直径 d_D		
			最大值	最佳值	最小值
梯形螺纹	30°	$M = d_2 + 4.864 d_D - 1.866 P$	$0.656P$	$0.518P$	$0.486P$

2) 单针法。单针法是用一根量针测量梯形螺纹中径的方法，如图 6-25 所示，这种方法比三针测量法简单。测量时只需用一根量针，另一侧利用螺纹大径作基准，在测量前应先量出螺纹大径的实际尺寸 d_0，其原理与三针测量法相同。

单针测量时，千分尺测得的读数值 A 可按下式计算

$$A = \frac{M + d_0}{2}$$

式中　d_0——螺纹大径的实际尺寸（mm）；
　　　M——若用三针测量时，千分尺的读数（mm）。

3) 梯形螺纹的综合检验。梯形螺纹也可以像普通螺纹那样采用螺纹量规来进行综合检验。

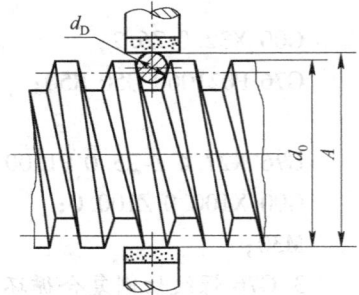

图 6-25　单针测量梯形螺纹中径

四、梯形螺纹轴的编程及加工操作方法

在数控车床上完成图 6-26 所示梯形螺纹轴的加工，毛坯尺寸为 $\phi 40mm \times 95mm$，材料为 45 钢。

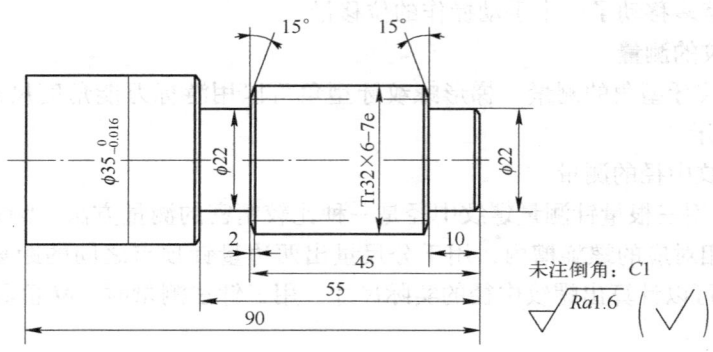

图 6-26　梯形螺纹轴加工实例图

1. 分析零件图

根据零件图中的标注可知，梯形螺纹中径尺寸要求较严，公称直径为 $\phi 32mm$，螺距为 6mm。零件没有几何公差要求，尺寸精度要求较严，表面粗糙度要求较高。

2. 工艺分析

1) 零件中的梯形螺纹由于螺距较大，需切削较深，不能采用直进法 G92 指令编程加工，应采用斜进法 G76 指令进行编程加工。

2) 零件应先加工左端外圆，然后夹住 $\phi 35mm$ 外圆用 G71 指令加工右端外轮廓和用 G76 指令加工梯形螺纹。

3) 每次装夹加工都将工件坐标系原点设定在其装夹后的工件右端面中心上。工件加工程序换刀点设在（X100.0，Z100.0）的位置上。

3. 刀具选择及工件装夹方法

（1）刀具及切削用量的选择（表 6-12）

表6-12 刀具卡

刀具名称	刀具号	刀尖半径	加工内容	主轴转速/(r/min)	进给量/(mm/r)	备注
端面车刀	T0101	0.4mm	车端面	1000	0.3,0.1	
93°外圆车刀	T0202	0.4mm	车外轮廓	1000,1200	0.2,0.1	
外切槽刀	T0303	0.1mm	车外沟槽	400	0.08	5mm×12mm
30°梯形螺纹车刀	T0404		车梯形螺纹	400		

（2）工件装夹方法 工件用自定心卡盘进行定位与装夹。

4. 量具选择

加工中使用的量具见表6-13。

表6-13 量具清单

序号	名称	规格	分度值	数量	备注
1	游标卡尺	0~150mm	0.02mm	1	
2	游标深度卡尺	0~200mm	0.02mm	1	
3	外径千分尺	$\phi25 \sim \phi50$mm	0.01mm	1	
4	公法线千分尺	$\phi25 \sim \phi50$mm	0.01mm	1	
5	量针	$\phi3.1$mm	0.01mm	3支	

5. 梯形螺纹相关尺寸计算

梯形螺纹的大径：$d = 32$mm，公差查表为$\phi32_{-0.375}^{0}$mm。

梯形螺纹的中径：$d_2 = d - 0.5P = 29$mm，公差查表为$\phi29_{-0.453}^{-0.118}$mm。

梯形螺纹总切深量：$h_3 = 0.5P + a_c = 3.5$mm。

梯形螺纹的小径：$d_3 = d - 2h_3 = 25$mm，公差查表为$\phi25_{-0.537}^{0}$mm。

梯形螺纹的牙顶宽：$f = 0.366P = 2.196$mm。

梯形螺纹的牙底宽：$W = 0.366P - 0.536a_c = 1.928$mm。

梯形螺纹三针测量值 $M = d_2 + 4.864d_D - 1.866P = 32.88_{-0.453}^{-0.118}$mm。

6. 工件参考程序（表6-14）

表6-14 程序卡（供参考）

主程序		
工序一：用自定心卡盘夹持毛坯外圆并夹牢，工件伸出卡爪端面长度约40mm，车左端轮廓		
程序号	程序	简要说明
	O6003—1;	程序名
N010	G21 G97 G99 G40;	程序初始化
N020	T0202 M03 S1000;	主轴正转1000r/min，选择2号93°外圆车刀
N030	G00 X42.0 Z2.0;	快速定位至$\phi42$mm直径，距端面正向2mm
N040	G90 X35.5 Z-37.0 F0.2;	用G90循环车左端外圆
N050	X35.0 F0.1;	
N060	G00 X100.0 Z100.0 M05;	返回刀具换刀点，停主轴
N070	M30;	程序结束

(续)

工序二：掉头用自定心卡盘（垫铜皮）夹持φ35mm外圆并夹牢，工件伸出卡爪端面长度约60mm，车右端外轮廓及外沟槽和梯形螺纹

程序号	程 序	简 要 说 明
	O6003—2；	程序名
N010	G21 G97 G99 G40；	程序初始化
N020	T0101 M03 S1000；	主轴正转1000r/min，选择1号端面车刀
N030	G00 X42.0 Z5.0 M08；	快速定位至φ42mm直径，距端面正向5mm
N040	G94 X0.0 Z3.0 F0.3；	用G94端面固定循环车总长
N050	Z1.0；	
N060	Z0 F0.1；	
N070	G00 X100.0 Z100.0；	退到换刀点
N080	T0202 S1000；	选择2号外圆刀
N090	G00 X42.0 Z2.0；	快速定位至φ42mm直径，距端面正向2mm
N100	G71 U2.0 R0.5；	用G71复合循环车右端外轮廓
N110	G71 P120 Q210 U0.3 W0.1 F0.2；	
N120	G00 X20.0；	右端外轮廓精加工程序
N130	G01 Z0 S1200 F0.1；	
N140	X22.0 Z-1.0；	
N150	Z-10.0；	
N160	X24.0；	
N170	X31.8 Z-12.0；	
N180	Z-55.0；	
N190	X33.0；	
N200	X35.0 Z-56.0；	
N210	X40.0；	
N220	G70 P120 Q210；	G70精车指令
N230	G00 X100.0 Z100.0；	退到换刀点
N240	T0303 S400；	主轴正转400r/min，选择3号外切槽刀
N250	G00 X34.0 Z-50.0；	快速定位至退刀槽循环起点
N260	G94 X22.0 Z-50.0 F0.08；	G94循环加工退刀槽
N270	Z-53.0；	
N280	X-55.0；	
N290	G01 X31.8 Z-48.0；	15°倒角
N300	X24.0 Z-50.0；	
N310	G00 X100.0；	退到换刀点
N320	Z100.0；	
N330	T0404 S400；	正转400r/min，选择4号30°梯形螺纹车刀

（续）

程序号	程　　序	简　要　说　明
N340	G00 X34.0 Z2.0;	快速定位至梯形螺纹循环起点
N350	G76 P020560 Q50 R50;	G76 加工梯形螺纹
N360	G76 X25.0 Z-50.0 P3500 Q500 F6.0;	
N370	G00 X100.0 Z100.0 M05;	返回刀具换刀点，停主轴
N380	M30;	程序结束

7. 注意事项

1）加工较大螺距的梯形螺纹时，应选用合适的转速，否则机床进给会丢步，出现乱牙现象。

2）由于螺纹升角的影响，梯形螺纹车刀刃磨时，顺进给方向应加上一个螺纹升角，背进给方向应减去一个螺纹升角。

3）分清楚 G76 螺纹复合循环指令中各参数的含义和各参数的使用单位。

4）梯形螺纹编程时，应分粗、精车编程，编精车程序时应注意各参数的调整。

5）车梯形螺纹时，若使用机夹车刀，则中途可以换刀；若使用手磨车刀，则中途不能换刀（刀尖起点发生变化，无法重新对刀。）

第四节　变导程螺纹加工

学习目标
1. 掌握变导程螺纹加工的相关工艺知识。
2. 掌握变导程螺纹加工的相关计算方法。
3. 掌握变导程螺纹加工指令 G34 的格式、功能及各参数的意义。
4. 能够根据加工要求完成变导程螺纹的编程与加工。

一、变导程螺纹的加工工艺知识

1. 变导程螺纹的基本概念

变导程螺纹是一个导程按某些规律变化的不等距螺纹。

2. 变导程螺纹的加工工艺特点

1）加工变导程螺纹时，螺纹车刀切削刃上任意一点的轨迹都是一条螺旋线，因变导程螺旋线相邻圆周直线段的斜率不同，所以每一直线段的螺纹升角也就不一样。

2）在切削变导程螺纹的过程中，刀具随螺距的增大所受切削力也会随之增大，同时磨损也会增大，这样会引起工件尺寸变化，工件加工精度不易保证。

3）由于螺纹升角的不断增大，刀具后角变大，刀具强度变差。

3. 变导程螺纹的种类

变导程螺纹的应用十分广泛，如饮料灌装机械主传动部分的变导程螺旋杆，在塑料挤出机械中的料杆，铰肉机中的螺旋杆，船舶上的变导程螺旋桨等都是变导程螺纹。根据用途不同变导程螺纹分为两种：

（1）等槽变牙厚变导程螺纹　也就是槽宽相等，牙厚均匀变化的变导程螺纹，在数控车床上可以用一定宽度的螺纹车刀和变导程螺纹的切削指令 G34 进行加工，如图6-27 所示。

（2）等牙厚变槽宽变导程螺纹　也就是牙厚相等，槽宽均匀变化的变导程螺纹，在数控车床上可以用小于第一个槽宽的螺纹车刀和变导程螺纹切削指令 G34 及宏程序进行加工，如图6-28 所示。

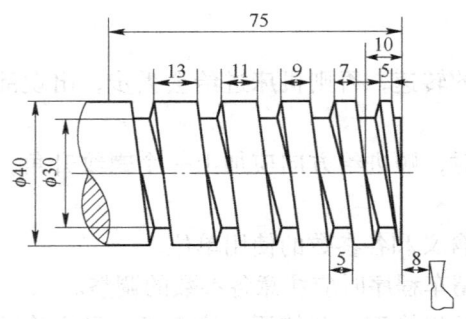 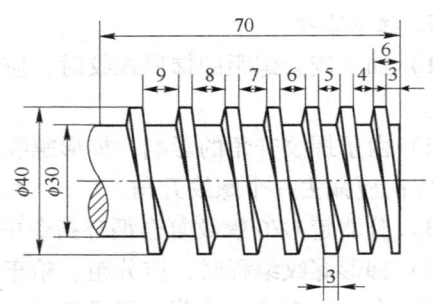

图 6-27　等槽变牙厚变导程螺纹　　　　　图 6-28　等牙厚变槽宽变导程螺纹

二、变导程螺纹的编程指令

1. 变导程螺纹的编程指令 G34

（1）指令格式

G34 X(U)_ Z(W)_ F _ K_;

其中：

X、Z 是在绝对编程时，有效螺纹终点在工件坐标系中的坐标。

U、W 是在增量编程时，有效螺纹终点相对螺纹起点的增量。

F 为螺纹起点处的导程。

K 为螺纹每导程的变化量，其增（减）量的范围可在系统参数中设定。

（2）功能　G34 指令能加工一些导程不相等的螺纹。

2. 编程实例

1）在数控车床上，试用 G34 指令编写图6-27 所示变导程螺纹的加工程序。

根据图样选用刀宽为 5mm 的矩形螺纹车刀，采用直进法分层切削螺纹。切削时，每次 X 向的递增量为 0.2mm。螺纹切削起点位置在距右端面 8mm 处（变导程螺纹的第一个导程标注是 10mm 减去导程变化量 2mm），也就是程序中 G34 指令的 F 值应为"8"。

参考程序：

O0006；	主程序
T0101 M03 S100；	采用5mm宽矩形螺纹车刀，主轴正转，转速100r/min
G00 X39.8 Z8.0；	刀具快速定位到螺纹加工起点
M98 P0001；	调用螺纹加工子程序
G00 X39.6 Z8.0；	刀具快速定位到第二刀螺纹加工起点

```
M98 P0001；
……                            X向每次递增0.2mm，重复调用子程序进行螺纹粗加工
G00 X30.05 Z8.0；
M98 P0001；
G00 X30.0 Z8.0；                螺纹精加工
M98 P0001；
G00 X100.0 Z100.0；
M30；
O0001；                         子程序
G34 Z-70.0 F8.0 K2.0；          变导程螺纹加工
G00 X42.0；                     X向退刀
    Z8.0；                      Z向返回加工起点
M99；                           子程序结束
```

2) 在数控车床上，试用G34指令编写图6-28所示变导程螺纹的加工程序。

根据图样选用刀宽为2mm的矩形螺纹车刀，采用直进法分层切削螺纹，切削时每次X向的递增量为0.2mm。螺纹切削起点位置距右端面5mm处（变导程螺纹的第一个导程标注是6mm减去导程变化量1mm），也就是程序中G34指令的起始F值应为"5"。

等牙厚变槽宽变导程螺纹的槽宽是按导程增量递增或递减变化的，这就是说在单次的螺纹切削过程中，刀具经过每个牙槽时所切到的宽度也应是以一定增量递增或递减变化的，而刀具宽度是一定的，实现方法是通过改变每刀切削时的导程F来逐牙轴向递进完成切削。每刀切削时的导程F计算如下：

指令格式	每次切削时的导程计算
G34 X(U)__Z(W)__F(f_0)__K__；	$f_0 = f_0$
G34 X(U)__Z(W)__F(f_1)__K__；	$f_1 = f_0 + K/n$
G34 X(U)__Z(W)__F(f_2)__K__；	$f_2 = f_0 + 2K/n$
……	……
G34 X(U)__Z(W)__F(f_n)__K__；	$f_n = f_0 + nK/n = f_0 + K$

其中：f_0是起始切削等牙厚变槽宽变导程螺纹的导程值，本例起始导程为5mm。

f_1是第一次切削等牙厚变槽宽变导程螺纹的导程值。

f_n是第n次切削等牙厚变槽宽变导程螺纹的导程值，本例中为5mm+1mm=6mm。

n是完成等牙厚变槽宽变导程螺纹切削的总次数，$n_{最小} = L_n/T$，其中L_n为螺纹有效切削范围内最大的槽宽（本例中L_n为8mm），T为刀宽（本例中T为2mm），则本例中$n_{最小} = 8/2 = 4$次，取n=5次。

注：每次起始螺距增加为K/n，本例为K/n=1mm/5=0.2mm。

参考程序：

```
O0007；                         主程序
T0101 M03 S100；                采用2mm宽矩形螺纹车刀，主轴正转，转速100r/min
G00 X40.0 Z5.0；                刀具快速定位到螺纹加工起点
M98 P500002；                   调用螺纹加工子程序50次
```

```
G00 X100.0 Z100.0;            快速退刀
M30;                          主程序结束
O0002;                        子程序
G00 U-0.2;                    每刀背吃刀量0.2mm
#1=5.0;                       起始螺距为5mm
WHILE [#1 LE 6] DO1;          条件判别,起始螺距小于等于6mm时开始循环加工
G34 Z-70.0 F#1 K1.0;          变螺距切削,每转螺距增加1mm
G00 U12.0;                    X向退刀,退出牙槽
    Z5.0;                     Z向退刀,回到加工起点
U-12.0;                       X向进刀,进到加工起点
#1=#1+0.2;                    起始螺距增加0.2mm
END1;
M99;                          子程序结束
```

三、变导程螺纹轴的编程及加工操作方法

在数控车床上完成图6-29所示变导程螺纹轴的加工,毛坯尺寸为 $\phi 45\text{mm} \times 140\text{mm}$,材料为45钢。

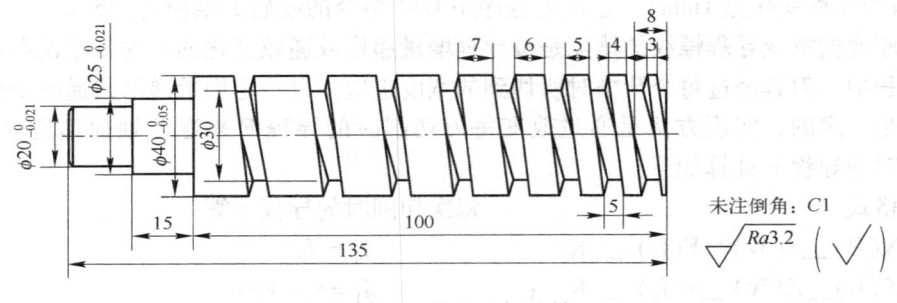

图6-29 变导程螺纹轴

1. 分析零件图

该零件尺寸要求较严,左端有 $\phi 20_{-0.021}^{0}$ mm、$\phi 25_{-0.021}^{0}$ mm、$\phi 40_{-0.05}^{0}$ mm 外圆,右端有变导程矩形螺纹;起点螺距为8mm,零件没有几何公差要求,表面粗糙度要求较高。

2. 工艺分析

1)零件轮廓可采用G71复合循环指令进行编程加工,变导程螺纹可采用G34指令进行编程加工。

2)零件应先加工左端外圆,然后掉头一夹一顶加工右端外轮廓和变导程螺纹。

3)每次装夹加工都将工件坐标系原点设定在其装夹后的工件右端面中心上。工件加工程序换刀点设在(X100.0,Z10.0)的位置上。

3. 刀具选择及工件装夹方法

(1)刀具及切削用量的选择(表6-15)

(2)工件装夹方法 工件用自定心卡盘进行定位与装夹。

4. 量具选择

加工中使用的量具见表6-16。

表 6-15　刀具卡

刀具名称	刀具号	刀尖半径	加工内容	主轴转速/(r/min)	进给量/(mm/r)	备注
端面车刀	T0101	0.4mm	车端面	1000	0.3	
93°外圆车刀	T0202	0.4mm	车外轮廓	1000，1200	0.2，0.1	
矩形螺纹车刀	T0303	0.1mm	车变导程螺纹	100		3mm×7mm

表 6-16　量具清单

序号	名称	规　　格	精度	数量	备注
1	游标卡尺	0~150mm	0.02mm	1	
2	游标深度卡尺	0~200mm	0.02mm	1	
3	外径千分尺	0~ϕ25mm，ϕ25~ϕ50mm	0.01mm	各1	

5. 变导程螺纹尺寸计算

（1）变导程螺纹径向尺寸计算

螺纹的大径：$d = 40$mm。

螺纹的小径：$d_3 = 30$mm。

螺纹总切深量：$h = (40\text{mm} - 30\text{mm})/2 = 5\text{mm}$。切削时，采用直进法分层切削螺纹，每次 X 向的递增量为 0.2mm（直径量）。分 50 次切削至牙底。

（2）变导程螺纹 Z 向起点的确定　根据图样选用刀宽为 3mm 的矩形螺纹车刀，分两次加工变导程螺纹牙槽宽，以左刀尖对刀编程。因变导程螺纹的第一个导程为 8mm，牙厚为 3mm，螺纹每导程的变化量 K = 1mm。故刀具起点距离端面应该等于 7mm（变导程螺纹的第一个导程标注是 8mm 减去导程变化量 1mm），也就是程序中 G34 指令的起始 F 值应为"7"。

螺纹加工起点坐标为（40,7），螺纹加工终点坐标为（30,-107）。

6. 工件参考程序（表 6-17）

表 6-17　程序卡（供参考）

主程序

工序一：手动车端面，钻中心孔，并控制总长，车装夹基准（此处省略）

工序二：用一夹一顶夹持毛坯外圆并夹牢，粗、精车左端轮廓

程序号	程　　序	简要说明
	O6004—1；	程序名
N010	G21 G97 G99 G40；	程序初始化
N020	T0202 M03 S1000；	主轴正转 1000r/min，选择 2 号 93°外圆车刀
N030	G00 X47.0 Z2.0；	快速定位至 ϕ47mm 直径，距端面正向 2mm
N040	G71 U2.0 R1.0；	用 G71 复合循环粗车左端外轮廓
N050	G71 P60 Q120 U0.3 W0.1 F0.2；	
N060	G00 X18.0 S1200；	左端外轮廓精加工程序
N070	G01 Z0 F0.1；	
N080	X20.0 Z-1.0；	
N090	Z-20.0；	

(续)

程序号	程 序	简 要 说 明
N100	X25.0;	左端外轮廓精加工程序
N110	Z-35.0;	
N120	X45.0;	
N130	G70 P60 Q120;	G70 精车指令
N140	G00 X100.0 Z10.0 M05;	返回刀具换刀点，停主轴
N150	M30;	程序结束

工序三：掉头用一夹一顶夹持 φ20mm 外圆校正并夹牢，车粗、精车右端外圆和变导程螺纹

程序号	程 序	简 要 说 明
	O6004—2;	程序名
N010	G21 G97 G99 G40;	程序初始化
N020	T0202 M03 S1000;	主轴正转 1000r/min，选择 2 号 93°外圆车刀
N030	G00 X47.0 Z2.0;	快速定位至 φ47mm 直径，距端面正向 2mm
N040	G90 X40.3 Z-101.0 F0.2;	G90 固定循环车 φ40mm 外圆
N050	X40.0 F0.1;	
N060	G00 X100.0 Z10.0;	返回刀具换刀点
N070	T0303 S100;	主轴正转 100r/min，选择 3 号矩形螺纹车刀
N080	G00 X40.0 Z7.0;	快速定位至 φ40mm 直径，距端面正向 7mm
N090	M98 P500022;	第一次调用子程序 50 次，加工变导程螺纹
N100	G00 G99 X40.0 Z9.0;	排刀 2mm（牙槽宽）
N110	M98 P500033;	第二次加工变导程螺纹
N120	G00 X100.0 Z10.0 M05;	返回刀具换刀点，停主轴
N130	M30;	程序结束

子程序（第一次调用子程序，加工变导程螺纹）

程序号	程 序	简 要 说 明
	O0022;	程序名
N010	G01 U-0.2;	每刀背吃刀量 0.2mm
N020	G34 Z-107.0 F7.0 K1.0;	变导程切削，每转导程增加 1mm
N030	G00 U12.0;	X 向退刀，退出牙槽
N040	Z7.0;	Z 向退刀，回到加工起点
N050	U-12.0;	X 向进刀，进到加工起点
N060	M99;	子程序结束

子程序（第二次加工变导程螺纹）

程序号	程 序	简 要 说 明
	O0033;	程序名
N010	G01 U-0.2;	每刀背吃刀量 0.2mm
N020	G34 Z-107.0 F7.0 K1.0;	第二次变导程切削，每转导程增加 1mm
N030	G00 U12.0;	X 向退刀，退出牙槽
N040	Z9.0;	Z 向退刀，回到加工起点

(续)

程序号	程　　序	简　要　说　明
N050	U-12.0;	X 向进刀，进到加工起点
N060	M99;	子程序结束

7. 注意事项

1）合理选择刀具的宽度。

2）正确设定螺纹起点处的导程参数 F 和起刀点的位置。

3）由于变导程螺纹的螺纹升角随着导程的增加而变大，所以刀具顺进给方向后角应为工作后角加上最大螺纹升角。

4）车削变导程螺纹时，由于导程的增大会使切削力也变大，所以应防止打刀和工件打滑。

四、螺纹加工质量分析

螺纹加工质量分析见表 6-18。

表 6-18　螺纹加工误差分析

问题现象	产生原因	预防和消除
螺纹牙顶呈刀口状	1. 工件装夹不正确 2. 刀具安装不正确 3. 切削参数不正确	1. 检查工件安装，增加安装刚性 2. 调整刀具安装位置 3. 提高或降低切削速度
螺纹牙型过平	1. 刀具中心错误 2. 螺纹切削深度不够 3. 刀具牙型角过小 4. 螺纹外径（内螺纹小径，外螺纹大径）尺寸过小	1. 选择合适的刀具并调整刀具中心的高度 2. 计算并增加切削深度 3. 适当增大刀具牙型角 4. 检查并选择合适的工件尺寸
螺纹牙型底部圆弧过大	1. 刀具选择错误 2. 刀具磨损严重	1. 选择正确的刀具 2. 重新刃磨或更换刀片
螺纹牙型底部过宽	1. 刀具选择错误 2. 刀具磨损严重 3. 螺纹有乱牙现象	1. 选择正确的刀具 2. 重新刃磨或更换刀片 3. 检查加工程序中有无导致乱牙的原因。检查主轴脉冲编码器是否松动、损坏。检查 Z 轴丝杠是否有窜动现象
螺纹牙型半角不正确	刀具安装角度不正确	调整刀具安装角度
螺纹表面质量差	1. 切削速度过低 2. 刀具中心过高 3. 刀尖产生积屑瘤 4. 切削液选用不合理	1. 调高主轴转速 2. 调整刀具中心高度 3. 选择合理的进给方式及背吃刀量 4. 选择合适的切削液并充分喷注
螺距误差过大	1. 伺服系统滞后效应 2. 加工程序不正确	1. 增加螺纹切削升、降速段的长度 2. 检查、修改加工程序

第七章 宏程序编程

第一节 B类宏程序介绍

学习目标
1. 了解宏程序的应用范围。
2. 掌握宏程序高级语言的功能。
3. 掌握宏指令的编程技巧。

一、用户宏程序

FANUC数控系统为用户配备了强大的类似于高级语言的宏程序功能,用户可以使用变量进行算术运算、逻辑运算和函数运算和混合运算,此外宏程序还提供了循环语句、分支语句和子程序调用语句,便于编制各种复杂的零件加工程序,减少甚至避免了手工编程时进行的繁琐的数值计算,并能精简程序量。

下面程序段中的语句均属于宏程序语句:
1)包含算术运算、逻辑运算、函数运算和混合运算的程序段。
2)包含控制语句(如"IF…GOTO")的程序段。
3)包含宏程序的调用指令(如G65代码调用宏程序)的程序段。
B类宏程序常用功能表见7-1。

二、宏变量

表7-1 B类宏程序常用功能

序号	功能	主要内容
1	变量种类	空变量、局部变量、公共变量、系统变量
2	算术运算符	+、-、*、/
3	条件运算符	EQ(=)、NE(≠)、GT(>)、LT(<)、GE(≥)、LE(≤)
4	逻辑运算符	AND、OR、XOR
5	函数	SIN、COS、TAN、SQRT、ABS等
6	循环语句	GOTO、IF…GOTO、WHILE…END

用一个可赋值的代号代替具体的数值,这个代号就称为变量。FANUC 系统使用变量符号"#"和后面跟随变量号来表示变量。

1. 变量的表示

一个变量由#符号和变量号组成,如#i（i = 1, 2, 3, …）。

2. 变量的种类

变量有空变量、局部变量、公共变量（全局变量）和系统变量四种。

(1) 空变量 (#0) 初始化为空的变量称为空变量,空变量不等于变量值为 0 的状态。#0 通常为空变量,可以读取,但不能写入。

(2) 局部变量 (#1 ~ #33) 局部变量指局限于在用户宏程序内使用的变量,同一个局部变量在不同的宏程序内其值是不通用的。例如,在某一被调用的宏程序中所使用的局部变量#2 和另一被调用的宏程序中所使用的局部变量#2 的赋值是不同的。当机床断电时,局部变量被初始化为空变量,调用宏程序时自变量对局部变量赋值。FANUC 系统共有 33 个局部变量供用户使用,分别是#1 ~ #33。

(3) 公共变量 (#100 ~ #199、#500 ~ #999) 公共变量指在主程序内和由主程序调用的各用户宏程序内公用的变量。也就是在某个宏程序中运算得到的公共变量的结果可以用到别的程序中。FANUC 系统中的公共变量共分两组,分别是#100 ~ #199、#500 ~ #999。当断电时变量#100 ~ #199 被初始化为空变量,#500 ~ #999 的数据被保存而不丢失。

(4) 系统变量 (#1000 以上) 系统变量是有固定用途的变量,它的值决定了系统的状态。用于读和写 CNC 运行时的各种数据,例如刀具的当前位置和补偿值等。

3. 变量的赋值

把常数或表达式的即时值送给一个宏变量称为赋值

(1) 直接赋值 宏变量 = 常数

#3 = 124.0；表示将数值 124.0 赋值于变量#3

#4 = #3 + 2；表示将变量#3 + 2 的即时值赋值于变量#4

(2) 间接赋值 就是表达式赋值,既把表达式内表达的结果赋给某个变量。

#2 = 175/SQRT [2] * COS [55]；

4. 关于变量的说明

1) 当用表达式指定变量时,要将表达式放在方括号中。例如,G01 X [#1 + #2] F#3。

2) 当在程序中定义变量时,小数点可以省略。例如,当定义 "#1 = 123" 时,变量#1 的实际值是 123.000。

3) 被引用变量的值根据地址的最小设定单位自动舍入。例如,当以 0.001mm 的单位执行指令 "G01 X#1" 时,CNC 把 12.3456 赋值给变量#1,实际指令值为 "G00 X12.345"。

4) 改变引用的变量值的符号,要把负号放在 "#" 的前面。例如,G01 X - #1。

三、B 类宏程序的运算

(1) 算术运算 变量之间进行运算的通常表达形式是：#i = (表达式)

1) 变量的定义和替换。

#i = #j；

2) 加减运算。

#i = #j + #k；　　　　　　　加

#i = #j − #k;   减

3) 乘除运算。

#i = #j * #k;   乘

#i = #j/#k;   除

(2) 条件运算

#j   EQ   #k;   表示 =

#j   NE   #k;   表示 ≠

#j   GT   #k;   表示 >

#j   LT   #k;   表示 <

#j   GE   #k;   表示 ≥

#j   LE   #k;   表示 ≤

(3) 逻辑运算

#j   AND #k;   表示"与"

#j   OR   #k;   表示"或"

#j   XOR #k;   表示"异或"

(4) 函数运算

#i = SIN [#j];   正弦函数

#i = ASIN [#j];   反正弦函数

#i = COS [#j];   余弦函数

#i = ACOS [#j];   反余弦函数

#i = TAN [#j];   正切函数

#i = ATAN [#j/#k];   反正切函数

#i = SQRT [#j];   平方根

#i = ABS [#j];   取绝对值

#i = ROUND [#j];   舍入

#i = FIX [#j];   上取整

#i = FUP [#j];   下取整

#i = LN [#j];   自然对数

#i = EXP [#j];   指数函数

(5) 表达式　用运算符连接起来的常数或宏变量构成表达式。

例如：#2 = 175/SQRT [2] * COS [55];

　　　　#3 * 6   GT   14;

(6) 运算的组合　以上算术运算和函数运算可以结合在一起使用，运算的先后顺序是：函数运算、乘除运算、加减运算。

(7) 括号的应用　表达式中括号的运算将优先进行。连同函数中使用的括号在内，括号在表达式中最多可用 5 层。

四、条件判别和循环

在程序中，使用控制指令可以改变程序段的运行顺序，控制指令有 3 种可供使用，即：GOTO 语句（无条件转移），IF 语句（条件转移），WHILE 语句（循环）。

(1) 无条件转移指令（GOTO 语句）

其编程格式为：

GOTO n；

说明：n 为程序段号，可取（1~99999）的数，也可用表达式。

例如：GOTO 1；

GOTO#10；

(2) 条件转移指令（IF 语句）

其编程格式为：

IF［条件表达式］GOTO n

说明：n 为程序段号，条件表达式是被比较的两个变量或变量和常数之间加入运算符，然后用方括号封闭。

如果指定的条件表达式满足时，转移到标有顺序号 n 的程序段；如果指定的条件表达式不满足，则执行下个程序段，执行顺序如下：

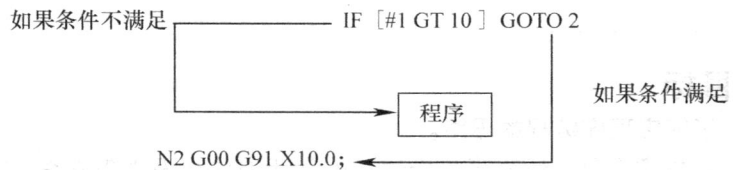

(3) 循环语句（WHILE 语句）

其编程格式及执行方式为：

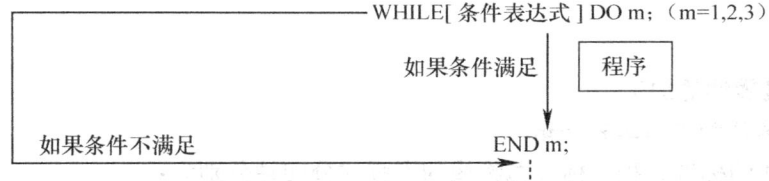

说明：

1) "WHILE…END m" 程序的含义为：条件表达式满足时，程序段 "DO m" 至 "END m" 即重复执行；条件表达式不满足时，程序转到 "END m" 后执行。如果 "WHILE［条件表达式］" 部分被省略，则程序段 "DO m" ~ "END m" 之间的部分将一直重复执行。"WHILE DO m" 和 "END m" 必须成对使用。

2) 在 "DO m" ~ "END m" 之间的循环识别号（1~3）可使用任意次，但不能执行交叉循环。如：

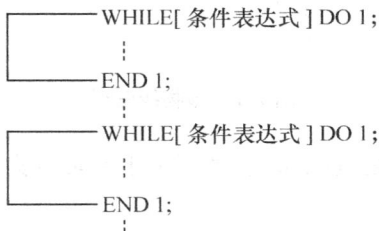

3)循环嵌套。"DO m"的循环嵌套最多可有 3 级,但"DO m"的范围不能交叉,如:

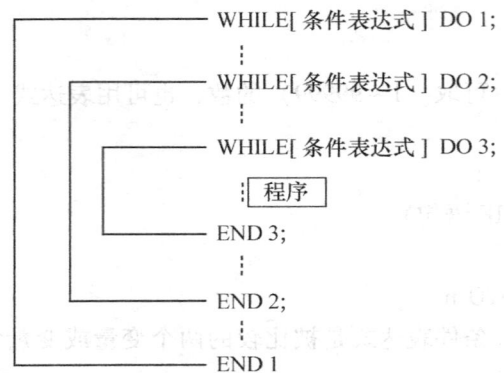

第二节 B类宏程序应用实例

学习目标

1. 了解宏程序编程的思路。
2. 掌握宏变量、运算符与表达式的使用方法以及控制指令的运用方法。
3. 掌握抛物线零件编程加工的方法。
4. 掌握椭圆零件编程加工的方法。

一、抛物线零件的加工

1. 抛物线零件加工的工艺知识

(1) 抛物线的标准方程 标准抛物线的方程式分四种分别为:

1)如图 7-1a 所示,顶点是 (0,0),图形关于 x 轴对称,焦点为 $F(p/2,0)$,其标准方程为 $y^2 = 2px(p>0)$。

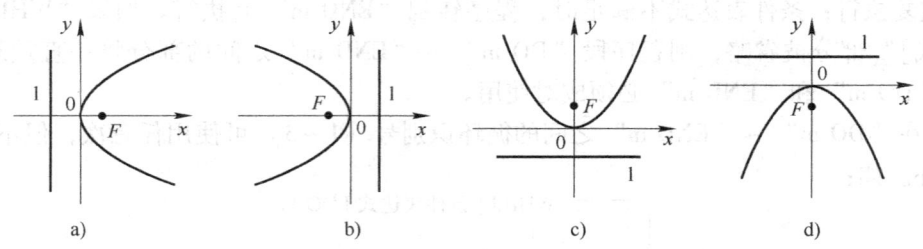

图 7-1 抛物线图形

2)如图 7-1b 所示,顶点是 (0,0),图形关于 x 轴对称,焦点为 $F(-p/2,0)$,其标准方程为 $y^2 = -2px(p>0)$。

3）如图 7-1c 所示，顶点是（0，0），图形关于 y 轴对称，焦点为 $F(0, p/2)$，其标准方程为 $x^2 = 2py(p>0)$。

4）如图 7-1d 所示，顶点是（0，0），图形关于 y 轴对称，焦点为 $F(0, -P/2)$，其标准方程为 $x^2 = -2py(p>0)$。

（2）车削抛物线的方法　在数控车床上车削抛物线的方法有很多种，下面介绍三种方法：

1）阶梯车抛物线法（图 7-2a）。阶梯车抛物线法就是根据加工余量先粗车出台阶然后再精车抛物线。此加工路线，粗车时刀具背吃刀量相同，精车时背吃刀量不同，这样会影响零件加工精度。此方法计算麻烦，但刀具切削的路线最短。

2）车锥法（图 7-2b）。根据加工余量，采用圆锥分层切削的办法将加工余量去除后，再进行抛物线精加工。采用这种方法加工时，加工效率高，但计算麻烦。

3）平行车抛物线法（图 7-2c）。平行车抛物线法就是刀具的运动是按照平行抛物线的方向进行切削。此加工路线，刀具每次背吃刀量相同，加工精度较高，但加工时空行程较多，效率较低。

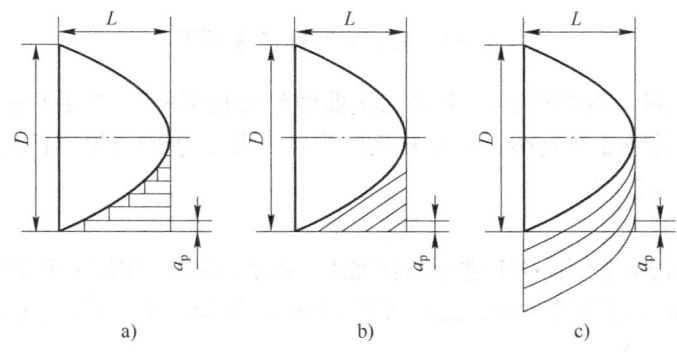

图 7-2　车削抛物线的方法

（3）曲线编程的步骤

1）先找到所要描述曲线的基本公式，将其转化为与 X、Z 对应的加工方程。

2）确定公式中的自变量与应变量，然后将两者一一对应。

一般情况下 Z 为自变量，X 为应变量，如：Z = #2，X = #1。

　　#1 =　　　　　　　　……#2……

　　应变量　　　　　　　自变量（在式子里面）

3）确定自变量开始值和结束值（把开始值赋给自变量#2）。

4）写出判断语句。

① 条件转移语句：IF［条件表达式］GOTO n；

② 循环指令：WHILE［条件表达式］DO m；

　　　　　　　　……

　　　　　　　　END m；

5）设计取出移动加工：G01 X［#1］Z［#2］。

6）循环是自加或自减（自变量）：#2 = #2 ±（步距量）。

7) 完成整个加工过程。

2. 抛物线零件的编程及加工操作方法

如图 7-3 所示工件，毛坯尺寸为 $\phi 40\text{mm} \times 75\text{mm}$，材料为 45 钢，试编写其抛物线部分的加工程序并进行加工。

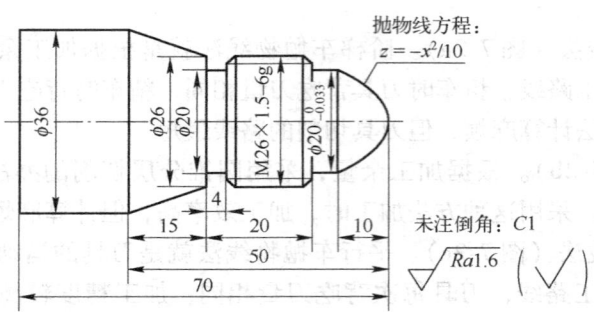

图 7-3 抛物线零件加工实例图

（1）分析零件图 该零件为一个含二次曲线轮廓的零件，零件需要加工外圆、锥度、螺纹、抛物线。其外形比较复杂，但没有几何公差要求，表面也没有严格的尺寸精度要求，只是表面粗糙度要求较高。

（2）工艺分析

1）零件轮廓外形应采用 G71 进行编程加工，抛物线部分用宏程序进行编程加工。

2）零件应先加工左端外轮廓，然后夹住 $\phi 36\text{mm}$ 外圆用 G71 指令加工右端外轮廓和用宏程序加工抛物线部分。

3）每次装夹加工都将工件坐标系原点设定在其装夹后的工件右端面中心上。工件加工程序换刀点设在（X100.0，Z100.0）的位置上。

4）抛物线编程步骤

① 抛物线的加工方程为 $z = -x^2/10$。

② 设 #1 为 X 方向应变量，#2 为 Z 方向自变量。对应公式为

#1 = - SQRT［10 * #2］（#1 半径值）

③ 确定自变量开始值和结束值（把开始值赋给自变量#2）。

抛物线加工起点 Z 向坐标为 0，变量赋值 #2 = 0。

抛物线加工终点 Z 向坐标为 - 10，变量赋值 #3 = - 10。

④ 写出判断语句。

循环指令：WHILE［#2 GE #3］DO 1；

⑤ 设计取出移动加工：G01 X［2 * #1］Z［#2］

⑥ 自变量循环自加或自减：#2 = #2 - 0.1

⑦ 完成整个加工过程。

（3）刀具选择及工件装夹方法

1) 刀具及切削用量的选择见表7-2。

表7-2 刀具卡

刀具名称	刀具号	刀尖半径	加工内容	主轴转速/(r/min)	进给量/(mm/r)	备注
端面车刀	T0101	0.4 mm	车端面	1000	0.3,0.1	
93°外圆车刀	T0202	0.4 mm	车外轮廓	1000,1200	0.2,0.1	
外切槽刀	T0303	0.1mm	车外沟槽	600	0.08	4mm×10mm
60°螺纹车刀	T0404	0.1mm	车外螺纹	800		

2) 工件装夹方法。工件用自定心卡盘进行定位与装夹。

(4) 量具选择　加工中使用的量具见表7-3。

表7-3 量具清单

序号	名称	规格	分度值（规格）	数量	备注
1	游标卡尺	0~150mm	0.02mm	1	
2	游标深度卡尺	0~200mm	0.02mm	1	
3	外径千分尺	0~ϕ25mm	0.01mm	1	
4	游标万能角度尺	0°~320°	2′	1	
5	螺纹环规	M26×1.5	6g	1套	
6	抛物线样板			1	

(5) 参考程序（表7-4）

表7-4 程序卡（供参考）

主程序

工序一：用自定心卡盘夹持毛坯外圆并夹牢，工件伸出卡爪端面长度约40mm，车左端外圆

程序号	程序	简要说明
	O7001—1;	程序名
N010	G21 G97 G99 G40;	程序初始化
N020	T0202 M03 S1000;	主轴正转1000r/min，选择2号93°外圆车刀
N030	G00 X42.0 Z2.0;	快速定位至ϕ42mm直径，距端面正向2mm
N040	G90 X36.3 Z-37.0 F0.2;	用G90循环车左端外圆
N050	X36.0 F0.1;	
N060	G00 X100.0 Z100.0 M05;	返回刀具换刀点，停主轴
N070	M30;	程序结束

工序二：掉头用自定心卡盘（垫铜皮）夹持ϕ36mm外圆并夹牢，工件伸出卡爪端面长度约52mm，车右端外轮廓及外沟槽和外螺纹

程序号	程序	简要说明
	O7001—2;	程序名
N010	G21 G97 G99 G40;	程序初始化
N020	T0101 M03 S1000;	主轴正转1000r/min，选择1号端面车刀
N030	G00 X42.0 Z5.0 M08;	快速定位至ϕ42mm直径，距端面正向5mm

(续)

程序号	程序	简要说明
N040	G94 X0 Z3.0 F0.3;	用 G94 端面固定循环车总长
N050	Z1.0;	
N060	Z0 F0.1;	
N070	G00 X100.0 Z100.0;	退到换刀点
N080	T0202 S1000;	选择 2 号外圆刀
N090	G00 X42.0 Z2.0;	快速定位至 ϕ42mm 直径,距端面正向 2mm
N100	G71 U2.0 R0.5;	用 G71 复合循环车右端外轮廓
N110	G71 P120 Q210 U0.3 W0.1 F0.2;	
N120	G00 X8.0 S1200;	右端外轮廓精加工程序
N130	G01 Z0.0 F0.1;	
N140	X20.0 Z-8.0;	
N150	Z-15.0;	
N160	X23.8;	
N170	X25.8 Z-16.0;	
N180	Z-35.0;	
N190	X26.0;	
N200	X36.0 Z-50.0;	
N210	X40.0;	
N220	G70 P120 Q210;	G70 精车指令
N230	G00 X100.0 Z100.0;	退到换刀点
N240	T0303 S600;	主轴正转 600r/min,选择 3 号外切槽刀
N250	G00 X30.0 Z-35.0;	快速定位至退刀槽起点
N260	G01 X20.0 F0.08;	加工退刀槽及倒角
N270	G04 X2;	
N280	G01 X25.8;	
N290	Z-34.0;	
N300	X23.8 Z-35.0;	
N310	G00 X100.0;	退到换刀点
N320	Z100.0;	
N330	T0404 S800;	正转 800r/min,选择 4 号 60°螺纹刀
N340	G00 X28.0 Z-12.0;	快速定位至螺纹循环起点
N350	G92 X25.0 Z-33.0 F1.5;	G92 加工螺纹
N360	X24.5;	
N370	X24.05;	
N380	G00 X100.0 Z100.0 M05;	返回刀具换刀点,停主轴
N390	M30;	程序结束

(续)

工序三：加工抛物线

程序号	程 序	简 要 说 明
	O7001—3；	程序名
N010	G21 G97 G99 G40；	程序初始化
N020	T0202 M03 S1000；	主轴正转1000r/min，选择2号外圆车刀
N030	G00 X22.0 Z0	快速定位至抛物线右端端面
N040	#1 = 0；	抛物线粗加工起点 Z 坐标
N050P	#2 = −10.0；	抛物线粗加工终点 Z 坐标
N060	WHILE [#1 GE #2] DO1；	抛物线粗加工终点判别
N070	#3 = SQRT [−#1 ∗ 10]；	抛物线粗加工对应 X 坐标值
N080	G01 X[2 ∗ #3 + 0.3] Z[#1] F0.1；	抛物线拟合直线段粗加工
N090	#1 = #1 − 0.1；	循环 Z 向每次步进量0.1mm
N100	END1；	
N110	G00 X22.0 S1200；	快速回到抛物线右端端面
N120	Z0；	
N130	#4 = 0；	抛物线精加工起点 Z 坐标
N140	#5 = −10.0；	抛物线精加工终点 Z 坐标
N150	WHILE [#4 GE #5] DO2；	抛物线精加工终点判别
N160	#6 = SQRT [−#4 ∗ 10]；	抛物线精加工对应 X 坐标值
N170	G01 X[2 ∗ #6] Z[#4] F0.1；	抛物线拟合直线段精加工
N180	#4 = #4 − 0.1；	循环 Z 向每次步进量0.1mm
N190	END2；	
N200	G00 X100.0 Z100.0 M05；	返回刀具换刀点，停主轴
N210	M30；	程序结束

(6) 注意事项

1) 用宏程序编程时，自变量和应变量应根据零件已知条件来确定。

2) 对变量进行赋值时，应先对自变量的起始值进行赋值。

3) 车削抛物线时，为保证抛物线的精度，精车应选用较小的步距量。

二、椭圆零件的加工

1. 椭圆零件加工的工艺知识

(1) 椭圆的标准方程　椭圆的标准方程式分两种：

1) 如图7-4a所示，顶点是 $A_1(-a, 0)$、$A_2(a, 0)$、$B_1(0, -b)$、$B_2(0, b)$，图形关于 x 轴、y 轴对称，焦点为 $F_1(-c, 0)$、$F_2(c, 0)$，其标准方程为 $\dfrac{x^2}{a^2} + \dfrac{y^2}{b^2} = 1$（$a > b > 0$）。

2) 如图7-4b所示，顶点是 $A_1(0, -a)$、$A_2(0, a)$、$B_1(-b, 0)$、$B_2(b, 0)$，图形关于 x 轴、y 轴对称，焦点为 $F_1(0, -c)$、$F_2(0, c)$，其标准方程为 $\dfrac{y^2}{a^2} + \dfrac{x^2}{b^2} = 1$（$a > b > 0$）。

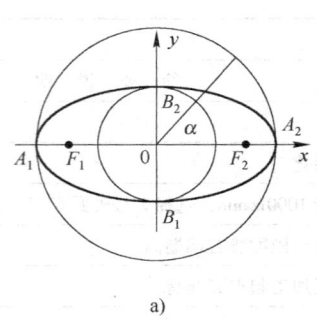 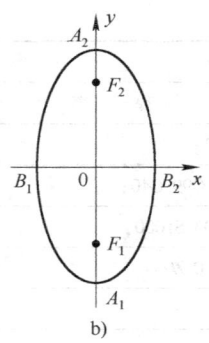

图 7-4 椭圆图形

（2）椭圆的参数方程

$$x = a\cos\alpha, \quad y = b\sin\alpha$$

式中 α——椭圆上某点的极坐标角度，如图 7-4a 所示。

（3）车削椭圆的编程方法

例 1 如图 7-5 所示 1/4 椭圆，试编写椭圆精加工程序。

1) 根据椭圆参数方程编程加工。椭圆参数方程为

$$x = a\cos x, \quad y = b\sin\alpha$$

转化为加工方程为

$$Z = a\text{COS}\alpha, \quad X = b\text{SIN}\alpha$$

式中 α——椭圆上某点的极坐标角度。

即本例 X 值为

#3 = 15 * SIN［#1］;   半径值

即本例 Z 值为

#4 = 25 * COS［#1］;

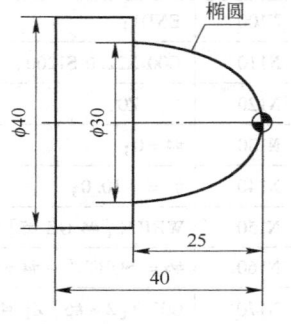

图 7-5 宏程序编制椭圆例图

以角度 α 为自变量时，椭圆精加工程序如下：

```
O0004;
#1 = 0;                        角度初值
#2 = 90;                       角度终值
WHILE［#1 LE #2］DO1;           条件判别，从 0°加工到 90°之间满足条件
#3 = 15 * SIN［#1］;            X 坐标值
#4 = 25 * COS［#1］;            Z 坐标值
G01 X［2 * #3］Z［#4 - 25］;    拟合直线段加工
#1 = #1 + 0.2;                 循环角度每次步距量 0.2°
END1;
M99;
```

2) 根据标准椭圆方程式编程加工。标准椭圆的方程式为

$$\frac{x^2}{a^2} + \frac{y^2}{b^2} = 1$$

转化为加工方程为 $$\frac{Z^2}{a^2}+\frac{X^2}{b^2}=1$$

① 若以 Z 值为自变量时，加工到达某一点的 X（应变量）坐标值，转换公式为
$$X = b\sqrt{a^2-Z^2}/a; \qquad 半径值$$

即本例 X 值为
$$\#3 = 15*\text{SQRT}[25*25-\#1*\#1]/25；半径值$$

以 Z 值为自变量时，椭圆精加工程序如下：
O0005；
#1 = 25；   Z 坐标初值
#2 = 0；   Z 坐标终值
WHILE [#1 GE #2] DO1；   条件判别，Z 坐标从 25 加工到 0 之间满足条件
#3 = 15 * SQRT [25 * 25 – #1 * #1]/25； 对应 X 坐标值
G01 X[2 * #3] Z[#1 – 25]；   拟合直线段加工
#1 = #1-0.2；   循环 Z 坐标每次步进量 0.2mm
END1；
M99；

② 若以 X 值为自变量时，加工到达某一点的 Z（应变量）坐标值，转换公式为
$$Z = a\sqrt{b^2-X^2}/b$$

即本例 Z 值为：
$$\#3 = 25*\text{SQRT}[15*15-\#1*\#1]/15$$

以 X 值为自变量时，椭圆精加工程序如下：
O0006；
#1 = 0；   X 坐标初值
#2 = 15；   X 坐标终值
N05 IF [#2 GE #1] GOTO 10；   条件判别，如果 X 坐标大于等于 15，程序
                                   转到 N10 程序段
#3 = 25 * SQRT[15 * 15-#1 * #1]/15；对应 Z 坐标值
G01 X[2 * #1] Z[#3-25]；   拟合直线段加工
#1 = #1 +0.1；   循环 Z 坐标每次步进量 0.2mm
GOTO 05；   返回 N05 程序段，准备下一拟合线段加工
N10 M99；

例 2：利用公共变量粗、精加工如图 7-5 所示的椭圆零件。

该图椭圆的加工余量较大，不能在一次加工中车成形，可利用公共变量进行加工。将毛坯总加工余量作为公共变量分层进行加工，X 向每次切深可自定。在加工椭圆时，椭圆 X 坐标加上总加工余量即为实际 X 坐标值。注意在实际加工时，应使工件原点和椭圆圆心重合在一起，才能按照图形正确加工出椭圆。

加工程序如下：

```
O0007;
T0101 M03 S600;
G00 X42 Z2;
G01 X40 Z0 F0.2;
#100 = 40;                              毛坯直径（总加工余量）
#101 = 0;                               加工的最小直径
#102 = 2;                               每次背吃刀量
WHILE [#100 GE #101] DO1                条件判别 X 坐标从 40 加工到 0 之间满足条件
M98 P1111;                              调用 O1111 子程序
#100 = #100-#102;                       每次 X 向步进量 2mm, 循环加工
END1;
G00 X100;
Z100;
M30;

O1111;
#1 = 0;                                 角度初值
#2 = 90;                                角度终值
WHILE [#1 LE #2] DO2;                   条件判别从 0°加工到 90°之间满足条件
#3 = #100 + 30 * SIN [#1];              实际 X 坐标值加上总加工余量
#4 = 25 * COS [#1] -25;                 Z 坐标值
G01 X [#3] Z [#4];                      拟合直线段加工
#1 = #1 + 0.2;                          循环角度, 每次步进量 0.2°
END2;
G01 U10;                                退刀
G00 Z0;                                 回到起刀点
M99;                                    子程序结束
```

2. 椭圆零件的编程及加工操作方法

如图 7-6 所示工件，毛坯尺寸为 φ35mm×85mm，材料为 45 钢，试编写其椭圆部分的加工程序并进行加工。

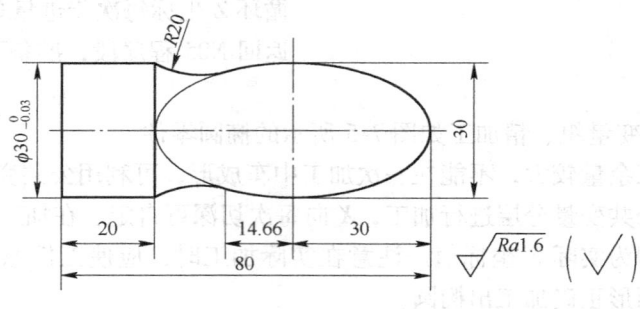

图 7-6 椭圆加工实例图

(1) 分析零件图 该零件为一个含二次曲线轮廓的零件，零件需要加工外圆、圆弧、椭圆。其外形要求圆滑过渡，但没有几何公差要求，表面也没有严格的尺寸精度要求，只是表面粗糙度要求较高。

(2) 工艺分析

1) 零件轮廓外形应采用 G73 进行编程加工，椭圆部分用宏程序进行编程加工。

2) 零件应先加工左端外圆，然后夹住 φ30mm 外圆，用 G73 指令加工右端外轮廓和用宏程序加工椭圆部分。

3) 每次装夹加工都将工件坐标系原点设定在其装夹后的工件右端面中心上。工件加工程序换刀点设在 (X100.0，Z100.0) 的位置上。

(3) 刀具选择及工件装夹方法

1) 刀具及切削用量的选择见表 7-5。

表 7-5 刀具卡

刀具名称	刀具号	刀尖半径	加工内容	主轴转速/(r/min)	进给量/(mm/r)	备注
端面车刀	T0101	0.4mm	车端面	1000	0.3, 0.1	
35°成形车刀	T0202	0.4 mm	车外轮廓	1000, 1200	0.2, 0.1	

2) 工件装夹方法。工件用自定心卡盘进行定位与装夹。

(4) 量具选择 加工中使用的量具见表 7-6。

表 7-6 量具清单

序号	名称	规格	分度值	数量	备注
1	游标卡尺	0~150mm	0.02mm	1	
2	游标深度卡尺	0~200mm	0.02mm	1	
3	外径千分尺	φ25~φ50mm	0.01mm	1	
4	半径样板	R15~R24.5mm		1	
5	椭圆样板			1	

(5) 参考程序 (表 7-7)

表 7-7 程序卡（供参考）

	主程序	
工序一：用自定心卡盘夹持毛坯外圆并夹牢，工件伸出卡爪端面长度约 25mm，车左端外圆		
程序号	程序	简要说明
	O7002—1；	程序名
N010	G21 G97 G99 G40；	程序初始化
N020	T0202 M03 S1000；	主轴正转 1000 r/min，选择 2 号 35°成形车刀
N030	G00 X37.0 Z2.0；	快速定位至 φ37.0 直径，距端面正向 2mm
N040	G90 X30.3 Z-37.0 F0.2；	用 G90 循环车左端外圆
N050	X30.0 F0.1；	
N060	G00 X100.0 Z100.0 M05；	返回刀具换刀点，停主轴
N070	M30；	程序结束

工序二：掉头用自定心卡盘（垫铜皮）夹持φ30mm外圆并夹牢，工件伸出卡爪端面长度约62mm，车右端外圆弧及椭圆

程序号	程 序	简 要 说 明
	O7002—2；	程序名
N010	G21 G97 G99 G40；	程序初始化
N020	T0101 M03 S1000；	主轴正转1000r/min，选择1号端面车刀
N030	G00 X37.0 Z5.0 M08；	快速定位至φ37mm直径，距端面正向5mm
N040	G94 X0 Z3.0 F0.3；	用G94端面固定循环车总长
N050	Z1.0；	
N060	Z0 F0.1；	
N070	G00 X100.0 Z100.0；	退到换刀点
N080	T0202 S1000；	选择2号35°成形车刀
N090	G00 X37.0 Z2.0；	快速定位至φ37mm直径，距端面正向2mm
N100	G73 U17.0 W0.1 R8.0；	用G71复合循环车右端外轮廓
N110	G73 P120 Q230 U0.5 W0 F0.2；	
N120	G00 G42 X0 S1200；	右端外轮廓精加工程序
N130	G01 Z0 F0.1；	
N140	#1 = 30.0；	
N150	#2 = -14.66；	
N160	WHILE ［#1 GE #2］ DO1；	
N170	#3 = 15 * SQRT ［30 * 30 - #1 * #1］/30；	
N180	G01 X ［2 * #3］ Z ［#1 - 30.0］；	
N190	#1 = #1 - 0.1；	
N200	END1；	
N210	G01 X26.18 Z -34.66；	
N220	G02 X30.0 Z -60.0 R20.0；	
N230	G01 X35.0；	
N240	G70 P120 Q230；	G70精车指令
N250	G00 G40 X100.0 Z100.0 M05；	返回刀具换刀点，停主轴
N260	M30；	程序结束

（6）注意事项

1）用宏程序编椭圆时，应根据椭圆的位置进行自变量起始点的赋值。

2）加工时，应使椭圆圆心与编程原点重合。

3）车削椭圆时，为保证椭圆的精度，精车时应选用较小的步进量。

4）选刀时，刀尖角一定要控制在40°以下，如果刀尖角度过大，凹圆弧将发生"过切"。

第八章 配合零件的编程及加工

第一节 圆锥配合零件的编程及加工

学习目标

1. 了解圆锥配合零件的配合要求。
2. 掌握圆锥配合零件的加工工艺制定方法。
3. 掌握圆锥配合零件的编程与加工方法。

在数控车床上完成图 8-1、图 8-2 所示圆锥配合件的加工，件 2 毛坯尺寸为 $\phi50\mathrm{mm} \times 50\mathrm{mm}$，件 1 毛坯尺寸为 $\phi50\mathrm{mm} \times 100\mathrm{mm}$，材料为 45 钢。

1. 图样分析

（1）装配图分析 装配图中共有一项装配技术要求如图 8-2 所示。

为满足装配后件 1 和件 2 的端面间隙尺寸 $0.5_{-0.2}^{0}\mathrm{mm}$，主要通过以下几点来实现：

1）两锥面应配作加工，先加工外圆锥面再加工锥孔，以外锥检测内圆锥孔。

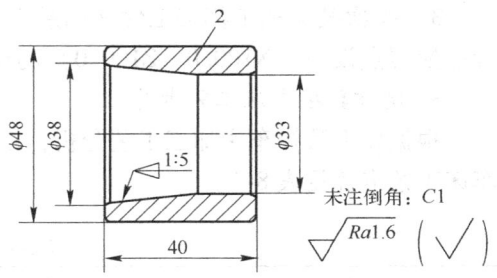

图 8-1　配合件 2 圆锥套

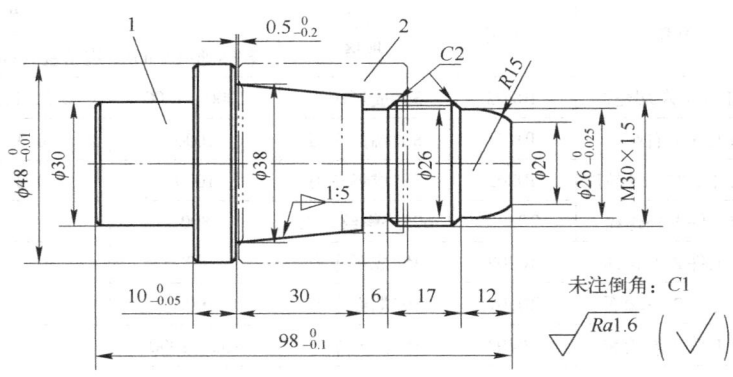

图 8-2　配合件 1 圆锥轴

2) 加工中应严格控制台阶长度尺寸以及正确运用刀尖半径补偿来保证配合间隙。

3) 件1和件2虽然没有几何公差要求，但装夹时要精确找正，以保证两件相互配合的端面与轴线垂直，满足配合后长度尺寸的要求。

4) 控制该配合间隙尺寸是通过修配件2锥面来保证的。

(2) 零件图分析

1) 零件1图样分析。该零件是一个轴类零件，在结构上主要由圆柱面、外螺纹、外圆锥及圆弧等组成，零件尺寸精度要求较高，锥面属于配合表面，需保证其形状、尺寸精度要求。因此，在加工中要精确控制锥面的精度。

2) 零件2图样分析。该零件是一个轴套类零件，其结构包含：圆柱面、内圆柱面、内圆锥孔等，结构相对简单。虽然件2没有尺寸公差要求但内圆锥孔是配合表面，加工时应精确控制内圆锥孔面的精度。内圆锥孔表面应与件1外圆锥面配车，以保证配合后的端面间隙。

(3) 加工难点和解决方案　内、外锥配合是加工难点，为了保证内、外锥配合精度及配合间隙，内、外锥应配作。刀具应选用制造精度较高的刀具，刀尖必须对准工件中心，防止锥面出现双曲线。在加工过程中，应使用刀尖圆弧半径补偿，避免锥度产生误差。

2. 工艺分析

1) 件1和件2的轮廓有圆弧、锥面及螺纹，对于这类零件应使用刀尖圆弧半径补偿。编程时使用G71、G73、G92循环指令即可。

2) 应先加工件1左端外轮廓，再掉头用G73、G92指令加件1右端外轮廓及外螺纹，然后加工件2外轮廓，最后用G71指令加工件2内轮廓并用件1配作。

3) 每次装夹加工都将工件坐标系原点设定在其装夹后的工件右端面中心上。工件加工程序换刀点设在（X100.0，Z100.0）的位置上。

3. 制作数控车床工艺卡片

根据以上数控车床加工工艺分析，填写数控车床工艺卡片，为编程做好准备工作。数控车床工艺卡片见表8-1。

表8-1　数控车床工艺卡

××技师学院数控实训基地	数控加工工艺卡	产品编号	KFJX02	工序内容		
		零件名称	JX001	内外锥配合		
工序号		01	工件材料	45钢	编程日期	
工步号	程序号	内容	刀具号	刀具规格	加工参数		
					主轴转速/(r/min)	进给量/(mm/r)	背吃刀量/mm
01	O8001	加工件1左端轮廓	T0202	35°成形车刀	1000，1200	0.2，0.1	2
02	O8002	加工件1右端面	T0101	80°端面车刀	1000	0.3	1.0
		加工件1右端外轮廓	T0202	35°成形车刀	1000	0.2	2
		加工件1外螺纹	T0303	60°外螺纹车刀	800		分层
03	O8003	加工件2外轮廓	T0202	35°成形车刀	1000	0.2	2
04	O8004	加工件2左端面	T0101	80°端面车刀	1000	0.3	1.0
		加工件2内轮廓	T0404	55°内孔车刀	800，1000	0.2，0.1	1.5
编制		审核		批准	共　页　第　页		

4. 工件装夹方法

工件用自定心卡盘进行定位与装夹。

5. 工、夹、量具选择

加工中使用的工、夹、量具见表8-2。

表8-2　工、夹、量具清单

序号	名称	规格	分度值	数量	备注
1	游标卡尺	0~150mm	0.02mm	1	
2	游标深度卡尺	0~200mm	0.02mm	1	
3	外径千分尺	$\phi25 \sim \phi50$mm	0.01mm	1	
4	游标万能角度尺	0°~320°	2′	1	
5	半径样板	$R15 \sim R24.5$mm		1	
6	塞尺	0.02~1mm		1	
7	螺纹环规	M30×1.5		1套	
8	钻头	$\phi30$mm		1	

6. 工件参考程序（表8-3）

表8-3　程序卡（供参考）

加工件1

工序一：用自定心卡盘夹持件1毛坯外圆并夹牢，工件伸出卡爪端面长度约38mm，车左端外轮廓

程序号	程序	简要说明
	O8001；	程序名
N010	G21 G97 G99 G40；	程序初始化
N020	T0202 M03 S1000；	主轴正转1000r/min，选择2号35°成形车刀
N030	G00 X52.0 Z2.0；	快速定位至$\phi52$mm直径，距端面正向2mm
N040	G71 U2.0 R0.5；	用G71复合循环车件1左端外轮廓
N050	G71 P60 Q130 U0.3 W0.1 F0.2；	
N060	G00 X28.0；	件1左端外轮廓精加工程序
N070	G01 Z0 S1200 F0.1；	
N080	X30.0 C1.0；	
N090	Z-23.0；	
N100	X46.0；	
N110	X48.0 C1.0；	
N120	Z-35.0；	
N130	X52.0；	
N140	G70 P60 Q130；	G70精车指令
N150	G00 X100.0 Z100.0 M05；	返回刀具换刀点，停主轴
N160	M30；	程序结束

(续)

工序二：掉头用自定心卡盘（垫铜皮）夹持 φ30mm 外圆并夹牢，车件 1 右端外轮廓及沟槽和外螺纹

程序号	程　　序	简　要　说　明
	O8002；	程序名
N010	G21 G97 G99 G40；	程序初始化
N020	T0101 M03 S1000；	主轴正转 1000r/min，选择 1 号 80°端面车刀
N030	G00 X52.0 Z5.0 M08；	快速定位至 φ52mm 直径，距端面正向 5mm
N040	G94 X0 Z1.0 F0.3；	用 G94 端面固定循环车总长
N050	Z0 F0.1；	
N060	G00 X100.0 Z100.0；	退到换刀点
N070	T0202 S1000；	选择 2 号 35°成形车刀
N080	G00 X52.0 Z2.0；	快速定位至 φ52mm 直径，距端面正向 2mm
N090	G73 U15.0 W0.1 R10.0；	用 G73 复合循环车件 1 右端外轮廓
N100	G73 P110 Q220 U0.3 W0 F0.2；	
N110	G00 G42 X20.0；	件 1 右端外轮廓精加工程序
N120	G01 Z0 S1200 F0.1；	
N130	G03 X26.0 Z-12.0 R15.0；	
N140	G01 X29.8 Z-14.0；	
N150	Z-27.0；	
N160	X26.0 Z-29.0；	
N170	Z-35.0；	
N180	X32.0；	
N190	X38.0 Z-65.0；	
N200	X46.0；	
N210	X48.0 Z-66.0；	
N220	X52.0；	
N230	G70 P110 Q220；	G70 精车指令
N240	G00 G40 X100.0 Z100.0；	退到换刀点
N250	T0303 S800；	主轴正转 800 r/min，选择 3 号 60°螺纹车刀
N260	G00 X32.0 Z-8.0；	快速定位至螺纹循环起点
N270	G92 X29.0 Z-32.0 F1.5；	G92 加工螺纹
N280	X28.5；	
N290	X28.3；	
N300	X28.05；	
N310	G00 X100.0 Z100.0 M05；	返回换刀点，主轴停
N320	M30；	程序结束

(续)

加工件2

工序三：用自定心卡盘夹持件2毛坯外圆并夹牢，工件伸出卡爪端面长度约42mm，车外轮廓，钻孔φ30mm

程序号	程 序	简 要 说 明
	O8003；	程序名
N010	G21 G97 G99 G40；	程序初始化
N020	T0202 M03 S1000；	主轴正转1000r/min，选择2号外圆刀
N030	G00 X52.0 Z2.0；	快速定位至φ52mm直径，距端面正向2mm
N040	G71 U2.0 R0.5；	用G71复合循环车件2外轮廓
N050	G71 P60 Q100 U0.3 W0.1 F0.2；	
N060	G00 X46.0；	件2外轮廓精加工程序
N070	G01 Z0 S1200 F0.1；	
N080	X48.0 C1.0；	
N090	Z-40.0；	
N100	X52.0；	
N110	G70 P60 Q100；	G70精车指令
N120	G00 X100.0 Z100.0 M05；	返回换刀点，主轴停
N130	M30；	程序结束

工序四：掉头用自定心卡盘（垫铜皮）夹持φ48mm外圆并夹牢，车件2内轮廓

程序号	程 序	简 要 说 明
	O8004；	程序名
N010	G21 G97 G99 G40；	程序初始化
N020	T0101 M03 S1000；	主轴正转1000r/min，选择1号端面刀
N030	G00 X52.0 Z5.0 M08；	快速定位至φ52mm直径，距端面正向5mm
N040	G94 X0 Z1.0 F0.3；	用G94端面固定循环车总长
N050	Z0 F0.1；	
N060	G00 X100.0 Z100.0；	退到换刀点
N070	T0404 M03 S800；	主轴正转800r/min，选择4号内孔刀
N080	G00 X30.0 Z2.0；	快速定位至φ30mm直径，距端面正向2mm
N090	G71 U1.5 R0.5；	用G71复合循环车件2内轮廓
N100	G71 P110 Q160 U-0.3 W0.1 F0.2；	
N110	G00 G41 X40.0；	件2内轮廓精加工程序
N120	G01 Z0.0 S1000 F0.1；	
N130	X38.0 C1.0；	
N140	X33 Z-25.0；	
N150	Z-42.0；	
N160	X30.0；	
N170	G70 P110 Q160；	G70精车指令

(续)

程序号	程　　序	简　要　说　明
N180	G00 G40 Z100.0 M05;	返回换刀点，主轴停
N190	M30;	程序结束

7. 注意事项

1）加工配合面时，应保证表面光洁，否则会影响配合接触面积。

2）配车件2内圆锥孔时，要控制背吃刀量和配合间隙，可利用件1在外圆锥面上涂色，与件2对研（转动半周以内），检验接触面积。同时测量两配合件的间隙，调整刀具的Z向补偿值，调整量等于实测尺寸与图样要求尺寸的差值。精加工后再测量，如不符合要求，应再次进行补偿直到与图样一致。

3）加工锥面时，要严格控制刀具安装的高度，防止出现双曲线误差。

第二节　圆弧螺纹配合零件的编程及加工

学习目标

1. 了解圆弧螺纹配合零件的配合要求。
2. 掌握圆弧螺纹配合零件的加工工艺制定方法。
3. 掌握圆弧螺纹配合零件的编程与加工方法。

在数控车床上完成图8-3、图8-4、图8-5所示圆弧螺纹配合件的加工，毛坯尺寸为 $\phi 45mm \times 120mm$，材料为45钢。

1. 图样分析

（1）装配图分析　装配图中共有一项装配技术要求，如图8-3所示。

为满足内、外圆弧配合后的间隙（1±0.05）mm，主要通过以下几点来实现：

1）测量准确，严格控制件1和件2中R15mm圆弧尺寸在公差要求范围内。

2）件1和件2有几何公差要求，装夹时要精确找正，以保证相互配合的端面与轴线垂直，满足配合后的间隙尺寸（1+0.05）mm。

3）控制该配合间隙尺寸也可通过修配圆弧面来保证。

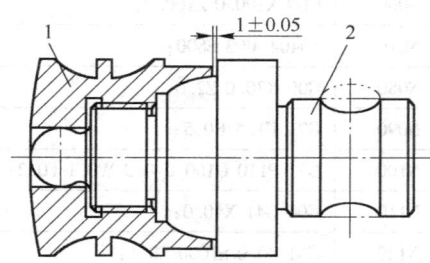

图8-3　圆弧螺纹配合件装配实例图

4）内、外螺纹配合精度要好，应严格控制螺纹中径尺寸及螺纹的牙型，螺纹两牙侧表面质量要好。

（2）零件图分析

1）零件1图样分析。该零件是一个套类零件，在结构上主要由内外圆柱面、内外圆弧、内螺纹等组成，零件尺寸精度要求较高，圆弧及螺纹面属于配合表面，需保证其形状、

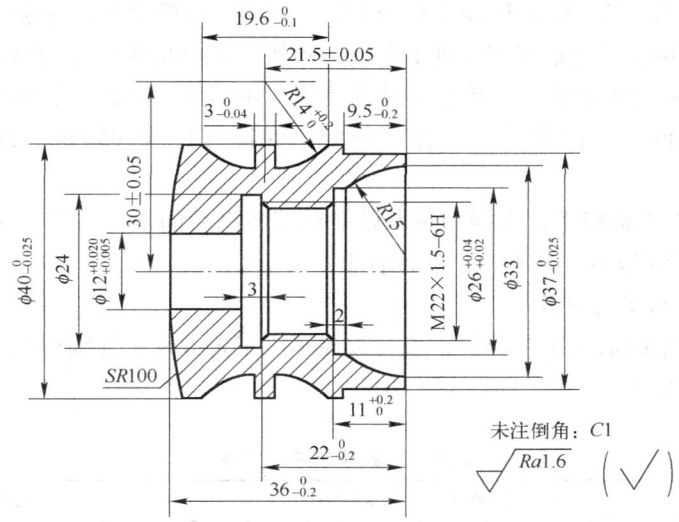

图 8-4 配合件 1 的实例图

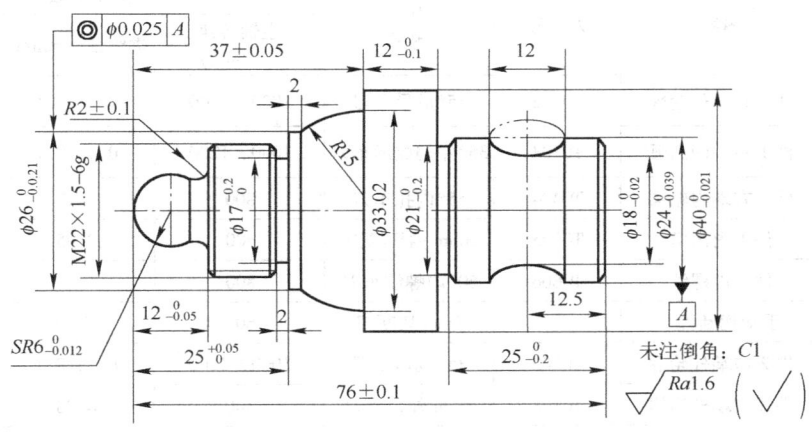

图 8-5 配合件 2 的实例图

尺寸精度要求。

2）零件 2 图样分析。该零件是一个轴类零件，其结构包含：圆柱面、圆弧面、外螺纹及椭圆等，结构比较复杂。件 2 有同轴度要求 0.025mm，装夹时要精确找正。

(3) 加工难点和解决方案　内、外圆弧配合后保证（1±0.05）mm 的配合间隙是加工难点。为了保证内、外圆弧配合精度及配合长度，内、外圆弧应配作。在加工过程中，应使用刀尖圆弧半径补偿，刀具的刀尖必须对准工件中心，避免圆弧产生误差。

2. 工艺分析

1）件 1 和件 2 的轮廓有凹圆弧及螺纹，对于这类零件应使用刀尖圆弧半径补偿。编程时使用 G71、G73、G92 循环指令即可。

2）件 1 和件 2 是一个毛坯，加工时，先加工件 1 切断后再加工件 2。

加工步骤：先用 G73、G71 和 G92 指令加工件 1 右端外轮廓和内轮廓，然后在件 1 总长处切一个工艺槽，用左偏成形车刀车件 1 左端凹圆弧，再切断件 1，总长留 0.5mm 余量。用 G71 指令加工件 2 右端外轮廓，然后掉头精确找正，用 G73、G92 指令加工件 2 左端外轮廓及外螺纹，然后将件 1 装配在件 2 上进行修配，保证（1±0.05）mm 的配合间隙和加工 R100mm 圆弧。

3）每次装夹加工都将工件坐标系原点设定在其装夹后的工件右端面中心上。工件加工程序换刀点设在（X100.0，Z100.0）的位置上。

3. 制作数控车床工艺卡片

根据以上数控车床加工工艺分析，填写数控车床工艺卡片，为编程做好准备工作。数控车床工艺卡片见表 8-4。

表 8-4 数控车床工艺卡

××技师学院数控实训基地	数控加工工艺卡		产品编号	KFJX03	工序内容		
			零件名称	JX003	圆弧螺纹配合		
工序号		02	工件材料	45 钢	编程日期		
工步号	程序号	内容	刀具号	刀具规格	加工参数		
					主轴转速/(r/min)	进给量/(mm/r)	背吃刀量/mm
01	O8005	件 1 右端外轮廓	T0202	35°成形车刀	1000，1200	0.2，0.1	1.5
02	O8006	件 1 左端凹圆弧	T0303	35°左偏成形车刀	1000，1200	0.2，0.1	1.5
03	O8007	件 1 右端内轮廓	T0404	55°内孔车刀	800	0.2	1
		件 1 内沟槽	T0505	3mm 内切槽刀	600	0.05	刀宽
		件 1 内螺纹	T0606	60°内螺纹车刀	800		分层
		手动切断件 1		5mm 切断刀	600	手动	刀宽
04	O8008	件 2 右端外轮廓	T0202	35°成形车刀	1000，1200	0.2，0.1	1.5
		件 2 右端外沟槽	T0808	2mm 外切槽刀	800	0.08	刀宽
05	O8009	件 2 右端椭圆轮廓	T0707	R1mm 圆弧车刀	600	0.1	1
06	O8010	件 2 左端面	T0101	80°端面车刀	1000	0.3，0.1	1.0
		件 2 左端外轮廓	T0202	35°成形车刀	1000，1200	0.2，0.1	1.5
		件 2 左端外沟槽	T0808	2mm 外切槽刀	800	0.08	刀宽
		件 2 左端外螺纹	T0909	60°外螺纹车刀	800		分层
07	O8011	件 1 左端 R100 圆弧	T0101	80°端面车刀	1000	0.3，0.1	1.5
编制		审核		批准		共 页	第 页

4. 工件装夹方法

工件用自定心卡盘进行定位与装夹。

5. 工、夹、量具选择

加工中使用的工、夹、量具见表 8-5。

表 8-5 工、夹、量具清单

序号	名称	规格	分度值	数量	备注
1	游标卡尺	0~150mm	0.02mm	1	
2	游标深度卡尺	0~200mm	0.02mm	1	
3	外径千分尺	0~ϕ25mm，ϕ25~ϕ50mm	0.01mm	各1	
4	内径指示表	ϕ10~ϕ18mm，ϕ18~ϕ35mm	0.01mm	各1套	
5	半径样板	$R1$~$R6.5$mm，$R7$~$R14.5$mm，$R15$~$R24.5$mm		各1	
6	螺纹塞规	M30×1.5		1套	
7	螺纹环规	M30×1.5		1套	
8	样板	椭圆样板、R100mm 样板		各1	
9	钻头	ϕ11mm		1	

6. 工件参考程序（表 8-6）

表 8-6 程序卡（供参考）

加工件 1

工序一：用自定心卡盘夹持毛坯外圆并夹牢，工件伸出卡爪端面长度约 50mm，车件 1 右端外轮廓，钻孔 ϕ11mm

程序号	程序	简要说明
	O8005;	程序名
N010	G21 G97 G99 G40;	程序初始化
N020	T0202 M03 S1000;	主轴正转 1000r/min，选择 2 号 35°成形车刀
N030	G00 X47.0 Z2.0;	快速定位至 ϕ47mm 直径，距端面正向 2mm
N040	G73 U6.0 W0.1 R4.0;	用 G73 复合循环车件 1 右端外轮廓
N050	G73 P60 Q130 U0.3 W0 F0.2;	
N060	G00 G42 X37.0;	件 1 右端外轮廓精加工程序
N070	G01 Z-9.5 S1200 F0.1;	
N080	X40.0;	
N090	W-2.202;	
N100	G02 X32.161 Z-20.0 R14.0;	
N110	G01 X40.0;	
N120	Z-36.0;	
N130	X45.0;	
N140	G70 P60 Q130;	G70 精车指令
N150	G00 G40 X100.0 Z100.0 M05;	返回刀具换刀点，停主轴
N160	M30;	程序结束

工序二：手动加工，在件 1 总长处切一个工艺槽，用左偏成形车刀车件 1 左端凹圆弧

程序号	程序	简要说明
	O8006;	程序名
N010	G21 G97 G99 G40;	程序初始化

（续）

程序号	程　序	简　要　说　明
N020	T0303 M03 S1000;	正转1000r/min，选择3号35°左偏成形车刀
N030	G00 X47.0 Z-36.0;	快速定位至φ47mm直径，距端面负向36mm
N040	G73 U4.0 W0.1 R3.0;	用G73复合循环车件1左端凹圆弧
N050	G73 P60 Q90 U0.3 W0 F0.2;	
N060	G00 G41 Z-31.298;	件1左端凹圆弧精加工程序
N070	G01 X40.0 S1200 F0.1;	
N080	G03 X32.161 Z-23.0 R14.0;	
N090	G01 X45.0;	
N100	G70 P60 Q90;	G70精车指令
N110	G00 G40 X100.0 Z100.0 M05;	返回刀具换刀点，停主轴
N120	M30;	程序结束

工序三：加工件1内轮廓及内螺纹

程序号	程　序	简　要　说　明
	O8007;	程序名
N010	G21 G97 G99 G40;	程序初始化
N020	T0404 M03 S800;	正转800r/min，选择4号55°内孔车刀
N030	G00 X11.0 Z2.0;	快速定位至φ11mm直径，距端面正向2mm
N040	G71 U1.0 R0.5;	用G71复合循环车件1内轮廓
N050	G71 P60 Q140 U-0.3 W0 F0.2;	
N060	G00 G41 X33.0;	件1内轮廓精加工程序
N070	G01 Z0 S1200 F0.1;	
N080	G03 X26.0 Z-9.0 R15.0;	
N090	G01 Z-11.0;	
N100	X20.5 C1.0;	
N110	Z-25.0;	
N120	X12.0;	
N130	Z-37.0;	
N140	X11.0;	
N150	G70 P60 Q140;	G70精车指令
N160	G00 G40 Z100.0;	返回刀具换刀点
N170	T0505 S600;	正转600r/min，选择5号内切槽刀
N180	G00 X18.0;	快速定位至内沟槽加工起点
N190	Z-25.0;	
N200	G01 X24.0 F0.05;	车内沟槽
N210	G04 X2.0;	

(续)

程序号	程 序	简 要 说 明
N220	G01 X20.5;	内沟槽倒角起点
N230	Z-24.0;	
N240	X22.5 Z-25.0;	倒角
N250	G00 X18.0;	退刀
N260	Z100.0;	
N270	T0606 S800;	正转800r/min，选择6号60°内螺纹车刀
N280	G00 X18.0 Z5.0;	快速定位至内螺纹加工起点
N290	G92 X21.5 Z-23.0 F1.5;	G92指令加工内螺纹
N300	X22.0;	
N310	X22.3;	
N320	G00 X100.0 Z100.0 M05;	返回换刀点，主轴停
N330	M30;	程序结束

手动切断件1后加工件2

加工件2

工序四：用自定心卡盘夹持件2毛坯外圆并夹牢，工件伸出卡爪端面长度约42mm，车右端外轮廓

程序号	程 序	简 要 说 明
	O8008;	程序名
N010	G21 G97 G99 G40;	程序初始化
N020	T0202 M03 S1000;	主轴正转1000r/min，选择2号35°成形车刀
N030	G00 X47.0 Z-36.0;	快速定位至φ47mm直径，距端面负向36mm
N040	G71 U1.5 R0.5;	用G71复合循环车件2右端外轮廓
N050	G71 P60 Q120 U0.3 W0 F0.2;	
N060	G00 X22.0;	件2外轮廓精加工程序
N070	G01 Z0 S1200 F0.1;	
N080	X24.0 Z-1.0;	
N090	Z-27.0;	
N100	X40.0;	
N110	Z-40.0;	
N120	X45.0;	
N130	G70 P60 Q120;	G70精车指令
N140	G00 X100.0 Z100.0;	返回换刀点
N150	T0808 S800;	主轴正转800r/min，选择8号外切槽刀
N160	G00 X42.0 Z-27.0;	快速定位至外沟槽加工起点
N170	G01 X21.0 F0.08;	切槽
N180	G04 X2.0;	暂停2s

(续)

程序号	程序	简要说明
N190	G01 X24.0;	倒角起点
N200	Z-26.0;	
N210	X22.0 Z-27.0;	倒角
N220	G00 X100.0;	返回换刀点
N230	Z100.0;	
N240	M05;	主轴停
N250	M30;	程序结束

工序五：用圆弧刀车凹椭圆（以圆弧刀中心对刀编程）

程序号	程序	简要说明
	O8009;	程序名
N010	G21 G97 G99 G40;	程序初始化
N020	T0707 M03 S600;	主轴正转600r/min，选择7号圆弧车刀
N030	G00 X28.0 Z-7.5;	快速定位至 $\phi27mm$ 直径，距端面负向7.5mm
N040	#1 = 5.0;	椭圆粗加工起点 Z 坐标（去掉刀尖半径）
N050	#2 = -5.0;	椭圆粗加工终点 Z 坐标（去掉刀尖半径）
N060	WHILE [#1 GE #2] DO1;	椭圆粗加工终点判别
N070	#3 = 2 * SQRT [5 * 5-#1 * #1] / 5-0.3;	椭圆粗加工对应 X 坐标值（半径值）
N080	G01 X [24- 2 * #3] Z [#1-12.5] F0.1;	椭圆拟合直线段粗加工
N090	#1 = #1-0.2;	循环 Z 向每次步进量0.2mm
N100	END1;	
N110	G00 X28.0 Z-7.5;	快速回到椭圆右端端面
N120	#4 = 5.0;	椭圆精加工起点 Z 坐标（去掉刀尖半径）
N130	#5 = -5.0;	椭圆精加工终点 Z 坐标（去掉刀尖半径）
N140	WHILE [#4 GE #5] DO2;	椭圆精加工终点判别
N150	#6 = 2 * SQRT[5 * 5-#4 * #4]/5;	椭圆精加工对应 X 坐标值（半径值）
N160	G01 X[24-2 * #6] Z[#4-12.5]F0.1;	椭圆拟合直线段精加工
N170	#4 = #4-0.2;	循环 Z 向每次步进量0.2mm
N180	END2;	
N190	G00 X100.0;	返回刀具换刀点，停主轴
N200	Z100.0 M05;	
N210	M30;	程序结束

工序六：掉头用自定心卡盘（垫铜皮）夹持 $\phi24mm$ 外圆并夹牢，车件2左端外轮廓

程序号	程序	简要说明
	O8010;	程序名
N010	G21 G97 G99 G40;	程序初始化

(续)

程序号	程序	简 要 说 明
N020	T0101 M03 S1000;	主轴正转1000r/min,选择1号80°端面车刀
N030	G00 X47.0 Z5.0 M08;	快速定位至φ47mm直径,距端面正向5mm
N040	G94 X0 Z1.0 F0.3;	用G94端面固定循环车总长
N050	Z0 F0.1;	
N060	G00 X100.0 Z100.0;	退到换刀点
N070	T0202;	选择2号35°成形车刀
N080	G00 X47.0 Z2.0;	快速定位至φ47mm直径,距端面正向2mm
N090	G73 U22.0 W0.1 R14.0;	用G73复合循环车件2左端外轮廓
N100	G73 P110 Q210 U0.3 W0 F0.2;	
N110	G00 G42 X0;	件2左端外轮廓精加工程序
N120	G01 Z0 S1200 F0.1;	
N130	G03 X10.392 Z-9.0 R6.0;	
N140	G02 X13.856 Z-12.0 R2.0;	
N150	G01 X 19.8;	
N160	X21.8 Z-13.0;	
N170	Z-25.0;	
N180	X26.0;	
N190	W-2.0;	
N200	G03 X33.02 Z-37.0 R15.0;	
N210	G01 X45.0;	
N220	G70 P110 Q210;	G70精车指令
N230	G00 G40 X100.0 Z100.0;	退到换刀点
N240	T0808 S800;	主轴正转800r/min,选择8号外切槽刀
N250	G00 X28.0 Z-25.0;	快速定位至退刀槽加工起点
N260	G01 X17.0 F0.08;	切退刀槽
N270	G04 X2.0;	暂停2s
N280	G01 X21.8;	倒角起点
N290	Z-24.0;	
N300	X19.8 Z-25.0	倒角
N310	G00 X100.0;	返回换刀点
N320	Z100.0;	
N330	T0909 S800;	主轴正转800r/min,选择9号60°外螺纹车刀
N340	G00 X24.0 Z-8.0;	快速定位至螺纹加工起点
N350	G92 X23.0 Z-24.0 F1.5;	G92指令加工外螺纹
N360	X22.5;	
N370	X22.2;	

(续)

程序号	程　　序	简　要　说　明
N380	X22.05；	G92 指令加工外螺纹
N390	G00 X100.0 Z100.0 M05；	返回换刀点，主轴停
N400	M30；	程序结束

加工件 1

工序七：将件 2 与件 1 配合后车 SR100mm 圆弧

程序号	程　　序	简　要　说　明
	O80011；	程序名
N010	G21 G97 G99 G40；	程序初始化
N020	T0101 M03 S1000；	主轴正转 1000r/min，选择 1 号 80°端面车刀
N030	G00 X47.0 Z5.0 M08；	快速定位至 ϕ47mm 直径，距端面正向 5mm
N040	G94 X0 Z0.0 F0.1；	用 G94 端面固定循环车总长
N050	G00 G41 Z-1.84；	快速定位至圆弧起点
N060	G01 X40.0；	
N070	G02 X12.0 Z0 R100.0；	车 SR100mm 圆弧
N080	G00 G40 X100.0 Z100.0 M05；	返回换刀点，主轴停
N090	M30；	程序结束

7. 注意事项

1）加工圆弧配合面时，应保证表面光洁，否则会影响配合接触面积。

2）加工圆弧时，要严格控制刀具的高度，并使用刀尖圆弧半径补偿，防止出现圆弧误差。

3）车沟槽时，应使用暂停指令，以保证槽底直径尺寸。

4）凹椭圆加工时，应使用圆弧刀具，否则加工凹椭圆时会产生过切现象。

第三节　椭圆螺纹配合零件的编程及加工

> **学习目标**
> 1. 了解椭圆和螺纹配合件的技术要求。
> 2. 掌握椭圆和螺纹配合件的加工工艺制定方法。
> 3. 掌握椭圆和螺纹配合零件的编程与加工方法。

在数控车床上完成图 8-6、图 8-7、图 8-8 所示椭圆螺纹配合件的加工，件 1 毛坯尺寸为 ϕ55mm×75mm、件 2 毛坯尺寸为 ϕ55mm×70mm，材料为 45 钢。

1. 图样分析

（1）装配图分析　装配图中共有四项装配技术要求，如图 8-6 所示。

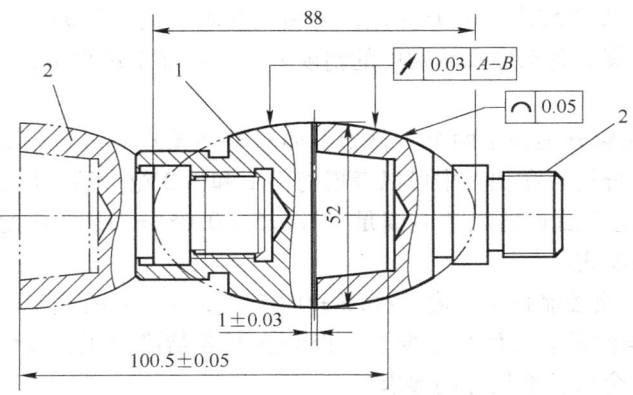

图 8-6 椭圆螺纹配合件装配图

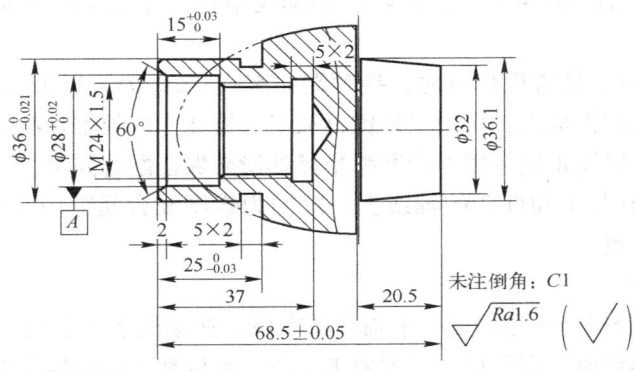

图 8-7 配合件 1

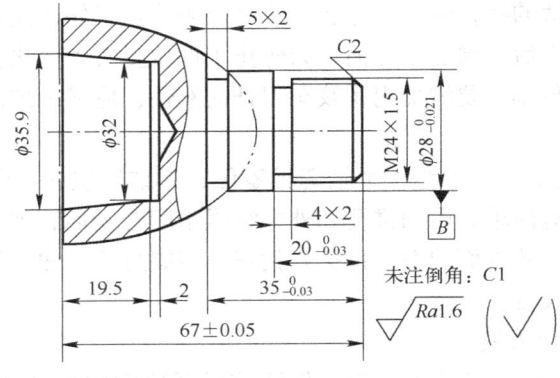

图 8-8 配合件 2

1）装配后件 1 和件 2 的椭圆轮廓按整体轮廓要求，要求对基准 $A-B$ 的跳动不大于 0.03mm。为满足这项技术要求，主要可通过以下几点来实现：

① 零件装夹时，要精确找正。针对零件总长度较短的情况，特别是零件掉头找正定位装夹时，应尽量同时找正外圆和端面，以保证装夹精度。

② 技术要求指定了检测时基准是件 1 左端 $\phi 36$mm 外圆的轴线和件 2 右端 $\phi 28$mm 外圆的轴线。因此，在加工中应保证找正部位与基准表面在一次装夹加工中完成。

③ 椭圆的跳动度要求较高（0.03mm），轮廓度要求较高（0.05mm）。因此，为了保证件1和件2组合后椭圆的跳动度和轮廓度的精度要求，在加工过程中，应保证该零件两端具有较高的同轴度。

④ 椭圆的整体轮廓分别处于两个零件上，而对整体轮廓需进行轮廓度要求的检测，结合对零件几何形状的分析，在加工中可以考虑将件1和件2组合后，再加工椭圆外轮廓。

2）内、外螺纹配合后长度尺寸应满足（100.5±0.05）mm，为满足这项技术要求，主要可通过以下几点来实现：

① 测量准确，严格控制件1长度（68.5±0.05）mm 在尺寸的公差要求范围内。

② 件1和件2虽然没有几何公差要求，但装夹时要精确找正，以保证相互配合的端面与轴线垂直，满足配合后长度尺寸的要求。

③ 控制该配合长度尺寸是通过修配件2椭圆长度来保证的。

④ 内、外螺纹配合精度要好，应严格控制螺纹中径尺寸及螺纹的牙型，螺纹两牙侧表面质量要好。

3）件1和件2内、外锥面配合时，接触端面有（1±0.03）mm 的配合间隙，要求用塞尺进行检测，两锥面配作加工，先加工外锥再加工内锥孔，以外锥检测内锥孔。加工中应严格控制台阶长度尺寸以及正确运用刀尖圆弧半径补偿来保证配合间隙。

4）椭圆的长轴在件1和件2的轴线上；短轴为锥度配合间隙中心与轴线垂直的垂线，其交点为椭圆的中心点。

（2）零件图分析

1）零件1图样分析。该零件是一个轴套类零件，在结构上主要由圆柱面、内孔、内螺纹、外圆锥及椭圆等组成，零件尺寸精度要求较高，锥度和内螺纹属于配合表面，需保证其形状、尺寸精度要求。同轴度精度要求在 0.03mm 以内，轮廓度要求在 0.05mm 以内，因此，在加工中要确定合适的找正位置。方法采用百分表找正工件，找正精度应在其要求精度以内，并且零件在粗加工后，精加工之前，为防止工件位置发生变化，应进行二次找正。加工内螺纹时，由于空间狭小，要增加内螺纹车刀杆的刚性，应尽量伸出短一些，以保证加工精度。

2）零件2图样分析。该零件是一个轴套类零件，其结构包含：台阶轴、外螺纹、内圆锥孔及椭圆等，结构相对简单。内圆锥孔和外螺纹属于配合表面，加工时内圆锥孔应用件1外圆锥配车以保证配合后的端面间隙。掉头并找正，控制总长。加工外螺纹时应与件1内螺纹配车以保证配合后的长度。

（3）加工难点和解决方案

1）椭圆轮廓的加工是加工难点。为了保证该椭圆轮廓的尺寸精度和几何公差符合要求，应采用两顶尖的装夹方式，将件1和件2配合在一起后，精加工整个椭圆轮廓。

2）刀具选择。由于椭圆轮廓度精度高，应选用制造精度较高的刀具，且保证刀具与工件之间不发生干涉现象。

3）刀具补偿。用试切法对刀具进行径向和轴向补偿，避免锥度与椭圆轮廓度产生过大误差。

2. 工艺分析

1）件1和件2的轮廓有椭圆、锥面，对于这类零件应使用刀尖圆弧半径补偿。编程时使用 G71、G92 循环指令和宏程序。

2）件 1 和件 2 的椭圆面在配合后是一个完整椭圆，加工时，应使锥度配合后再加工椭圆。

加工步骤：先用 G71 和 G92 指令加工件 1 左端外轮廓和内轮廓（椭圆留精加工余量），然后再加工件 1 右端外圆锥。用 G71 和 G92 指令加工件 2 右端外轮廓，然后掉头精确找正，用 G71 指令加工件 2 左端内圆锥，然后将件 1 装配在件 2 上用两顶尖装夹加工椭圆。

3）每次装夹加工都将工件坐标系原点设定在其装夹后的工件右端面中心上。工件加工程序换刀点设在（X100.0，Z100.0）的位置上。

3. 制作数控车床工艺卡片

根据以上数控车床加工工艺分析，填写数控车床工艺卡片，为编程做好准备工作。数控车床工艺卡片见表 8-7。

表 8-7 数控车床工艺卡

××技师学院 数控实训基地	数控加工工艺卡		产品编号	KFJX05	工序内容		
			零件名称	JX005	椭圆螺纹配合		
工序号	03		工件材料	45 钢	编程日期		
工步号	程序号	内容	刀具号	刀具规格	加工参数		
					主轴转速 /(r/min)	进给量 /(mm/r)	背吃刀量 /mm
01	O8012	件 1 左端外轮廓	T0202	55°外圆车刀	1000，1200	0.2，0.1	2
		件 1 左端外沟槽	T0303	5mm 外切槽刀	400	0.05	刀宽
02	O8013	件 1 左端内轮廓	T0404	55°内孔车刀	800，1000	0.2，0.1	1.5
		件 1 左端内沟槽	T0505	5mm 内切槽刀	400	0.05	刀宽
		件 1 左端内螺纹	T0606	60°内螺纹车刀	800		分层
03	O8014	件 1 右端端面	T0101	80°端面车刀	1000	0.3	2
		件 1 右端外圆锥	T0202	55°外圆车刀	1000，1200	0.2，0.1	2
04	O8015	件 2 右端外轮廓	T0202	55°外圆车刀	1000，1200	0.2，0.1	2
		件 2 右端外沟槽	T0909	4mm 外切槽刀	400	0.05	刀宽
		件 2 右端外螺纹	T0707	60°外螺纹车刀	800		分层
05	O8016	件 2 左端端面	T0101	80°端面车刀	1000	0.3	2
		件 2 左端内圆锥	T0404	55°内孔车刀	800	0.2	1.5
06	O8017	精加工椭圆	T0808	35°成形车刀	1000，1200	0.1，0.2	1.5
编制		审核		批准		共 页 第 页	

4. 工件装夹方法

工件用自定心卡盘进行定位与装夹，精车椭圆时用两顶尖装夹。

5. 工、夹、量具选择

加工中使用的工、夹、量具见表 8-8。

表 8-8 工、夹、量具清单

序号	名称	规格	分度值	数量	备注
1	游标卡尺	0～150mm	0.02mm	1	
2	游标深度卡尺	0～200mm	0.02mm	1	
3	外径千分尺	φ25～φ50mm	0.01mm	1	
4	内径指示表	φ18～φ35mm	0.01mm	1套	
5	游标万能角度尺	0°～320°	2′	1	
6	螺纹塞规	M24×1.5		1套	
7	螺纹环规	M24×1.5		1套	
8	样板	椭圆样板		1	
9	塞尺	0.02～1mm		1	
10	钻头、中心钻	φ20mm、φ2.5mm		各1	

6. 工件参考程序(表 8-9)

表 8-9 程序卡（供参考）

加工件 1（手动车端面，钻孔 φ20mm）

工序一：用自定心卡盘夹持毛坯外圆并夹牢，粗、精车件 1 左端外轮廓

程序号	程序	简要说明
	O8012;	程序名
N010	G21 G97 G99 G40;	程序初始化
N020	T0202 M03 S1000;	主轴正转 1000r/min，选择 2 号 55°外圆车刀
N030	G00 X57.0 Z2.0;	快速定位至 φ57mm 直径，距端面正向 2mm
N040	G71 U2.0 R1.0;	用 G71 复合循环粗车左端外轮廓
N050	G71 P60 Q120 U0.3 W0.1 F0.2;	
N060	G00 X34.0 S1200;	左端外轮廓精加工程序（椭圆粗车成锥度）
N070	G01 Z0 F0.1;	
N080	X36.0 Z-1.0;	
N090	Z-25.0;	
N100	X47.0;	
N110	X54.0 Z-48.0;	
N120	X55.0;	
N130	G70 P60 Q120;	G70 精车指令
N140	G00 X100.0 Z100.0;	返回刀具换刀点
N150	T0303 M03 S400;	主轴正转 400r/min，选择 3 号外切槽刀，宽 5mm
N160	G00 X50.0 Z-25.0;	快速定位至沟槽加工起点
N170	G01 X32.0 F0.05;	切槽 5mm×2mm
N180	G04 P2;	切槽暂停 2s
N190	X50.0;	退刀

（续）

程序号	程 序	简 要 说 明
N200	G00 X100.0 Z100.0 M05;	返回刀具换刀点，停主轴
N210	M30;	程序结束

工序二：钻孔后粗、精车件1左端内轮廓

程序号	程 序	简 要 说 明
	O8013;	程序名
N010	G21 G97 G99 G40;	程序初始化
N020	T0404 M03 S800;	主轴正转800r/min，选择4号55°内孔车刀
N030	G00 X20.0 Z2.0;	快速定位至φ20mm直径，距端面正向2mm
N040	G71 U1.5 R1.0;	用G71复合循环粗车件1左端内轮廓
N050	G71 P60 Q130 U-0.3 W0.1 F0.2;	
N060	G00 X30.309 S1000;	件1左端内轮廓精加工程序
N070	G01 Z0 F0.1;	
N080	X28.0 Z-2.0;	
N090	Z-15.0;	
N100	X24.5;	
N110	X22.5 Z-16.0;	
N120	Z-37.0;	
N130	X20.0;	
N140	G70 P60 Q130;	G70精车指令
N150	G00 Z100.0;	返回刀具换刀点
N160	X100.0;	
N170	T0505 M03 S400;	主轴正转400r/min，选择5号内切槽刀
N180	G00 X20.0 Z5.0;	快速定位至φ20mm直径
N190	Z-37.0;	
N200	G01 X26.5 F0.05;	切槽5mm×2mm
N210	X20.0;	退刀
N220	G00 Z100.0;	返回刀具换刀点
N230	X100.0;	
N240	T0606 M03 S800;	主轴正转800r/min，选择6号60°内螺纹车刀
N250	G00 X20.0 Z10.0;	快速定位至φ20mm直径，距端面正向10mm
N260	G92 X23.5 Z-33.0 F1.5;	G92螺纹固定循环加工内螺纹
N270	X23.8;	
N280	X24.0;	
N290	X24.2;	
N300	X24.3;	
N310	G00 X100.0 Z100.0 M05;	返回刀具换刀点，停主轴
N320	M30;	程序结束

（续）

工序三：掉头用自定心卡盘（软爪）装夹φ36mm外圆并找正，车件1右端外圆锥

程序号	程　序	简　要　说　明
	O8014；	程序名
N010	G21 G97 G99 G40；	程序初始化
N020	T0101 M03 S1000；	主轴正转1000r/min，选择1号80°端面车刀
N030	G00 X57.0 Z5.0；	快速定位至φ57mm直径，距端面正向5mm
N040	G94 X0 Z1.0 F0.3；	G94端面固定循环车总长
N050	Z0；	
N060	G00 X100.0 Z100.0；	返回刀具换刀点
N070	T0202 M03 S1000；	主轴正转1000r/min，选择2号55°外圆车刀
N080	G00 X57.0 Z2.0；	快速定位至φ57mm直径，距端面正向2mm
N090	G71 U2.0 R1.0；	用G71复合循环粗车件1右端外圆锥
N100	G71 P110 Q140 U0.3 W0.1 F0.2；	
N110	G00 X32.0 S1200；	件1右端外圆锥精加工程序
N120	G01 Z0 F0.1；	
N130	X36.1 Z-20.5；	
N140	X52.0；	
N150	G70 P110 Q140；	G70精车指令
N160	G00 X100.0 Z100.0 M05；	返回刀具换刀点，停主轴
N170	M30；	程序结束

加工件2

工序四：用自定心卡盘夹持毛坯外圆伸出50mm并夹牢，车端面钻中心孔，粗、精车件2右端外轮廓

程序号	程　序	简　要　说　明
	O8015；	程序名
N010	G21 G97 G99 G40；	程序初始化
N020	T0202 M03 S1000；	主轴正转1000r/min，选择2号55°外圆车刀
N030	G00 X57.0 Z2.0；	快速定位至φ57mm直径，距端面正向2mm
N040	G71 U2.0 R1.0；	用G71复合循环粗车件2右端外轮廓
N050	G71 P60 Q140 U0.3 W0.1 F0.2；	
N060	G00 X20.0 S1200；	
N070	G01 Z0 F0.1；	
N080	X23.8 Z-2.0；	件2右端轮廓精加工程序（椭圆粗车成锥度）
N090	Z-20.0；	
N100	X28.0；	
N110	Z-35.0；	
N120	X40.0；	

（续）

程序号	程　　序	简　要　说　明
N130	X54.0 Z-48.0;	件2右端轮廓精加工程序（椭圆粗车成锥度）
N140	X55.0;	
N150	G70 P60 Q140;	G70精车指令
N160	G00 X100.0 Z100.0;	返回刀具换刀点
N170	T0909 M03 S400;	主轴正转400r/min，选择9号外切槽刀，宽4mm
N180	G00 X45.0 Z-35.0;	快速定位至沟槽加工起点
N190	G01 X24.0 F0.05;	加工5mm×2mm外沟槽
N200	X29.0;	
N210	Z-34.0;	
N220	X24.0;	
N230	X29.0;	
N240	G00 Z-20.0;	加工4mm×2mm外沟槽
N250	G01 X20.0;	
N260	X25.0;	
N270	G00 X100.0 Z100.0;	返回刀具换刀点
N280	T0707 S800;	主轴正转800r/min，选择7号60°外螺纹车刀
N290	G00 X26.0 Z5.0;	快速定位至ϕ26mm直径，距端面正向5mm
N300	G92 X23.0 Z-17.0 F1.5;	G92螺纹切削固定循环
N310	X22.5;	
N320	X22.2;	
N330	X22.05;	
N340	G00 X100.0 Z100.0 M05;	返回刀具换刀点，停主轴
N350	M30;	程序结束

工序五：用自定心卡盘（软爪）装夹ϕ28mm外圆并找正，钻孔后车左端内圆锥

程序号	程　　序	简　要　说　明
	O8016;	程序名
N010	G21 G97 G99 G40;	程序初始化
N020	T0101 M03 S1000;	主轴正转1000r/min，选择1号80°端面车刀
N030	G00 X57.0 Z5.0;	快速定位至ϕ57mm直径，距端面正向5mm
N040	G94 X0 Z1.0 F0.3;	G94端面固定循环车总长
N050	Z0;	
N060	G00 X100.0 Z100.0;	返回刀具换刀点
N070	T0404 M03 S800;	主轴正转800r/min，选择4号55°内孔车刀
N080	G00 X22.0 Z2.0;	快速定位至ϕ22mm直径，距端面正向2mm
N090	G71 U1.5 R1.0;	用G71复合循环粗车件2左端内圆锥
N100	G71 P110 Q150 U-0.3 W0.1 F0.2;	

(续)

程序号	程 序	简 要 说 明
	O8016；	程序名
N110	G00 X35.9 S1000；	件2左端内圆锥精加工程序
N120	G01 Z0 F0.1；	
N130	X32.0 Z-19.5；	
N140	Z-21.5；	
N150	X22.0；	
N160	G70 P110 Q150；	G70精车指令
N170	G00 Z100.0 M05；	返回刀具换刀点，停主轴
N180	M30；	程序结束

组合后精加工椭圆

工序六：用两顶尖装夹（件1在左边件2在右边），精车椭圆

程序号	程 序	简 要 说 明
	O8017；	程序名
N010	G21 G97 G99 G40；	程序初始化
N020	T0808 M03 S1000；	主轴正转1000r/min，选择8号35°成形车刀
N030	G00 X55.0 Z-33.0；	快速定位至椭圆右端端面
N040	G73 U10.0 W0.1 R10.0；	用G73复合循环车椭圆
N050	G73 P60 Q150 U0.3 W0 F0.2；	
N060	G00 X30.0 S1200；	椭圆精加工程序
N070	G01 Z-35.0 F0.1；	
N080	#1=32.5；	
N090	#2=-23.5；	
N100	WHILE [#1 GE #2] DO1；	
N110	#3=26*SQRT [44*44-#1*#1] /44；	
N120	G01 X [2*#3] Z [#1-67.5] F0.1；	
N130	#1=#1-0.2；	
N140	END1；	
N150	G01 X55.0；	
N160	G70 P60 Q150；	G70精车指令
N170	G00 X100.0；	返回刀具换刀点，停主轴
N180	Z100.0 M05；	
N190	M30；	程序结束

7. 注意事项

1）配车件2内圆锥时，应使用件1多次与件2内圆锥配合测量，然后通过修改Z向磨耗来保证配合端面间隙尺寸（1±0.03）mm。

2）件 1 和件 2 配合后车椭圆时，应选择较小切削用量，防止工件打滑。
3）车削椭圆时，刀具的刀尖角一定要控制在 35°以下，如果刀尖角过大，椭圆将过切。
4）用两顶尖装夹车削时应随时观察工件在两顶尖间的松紧情况，防止过紧或过松。
5）车螺纹时，不允许用棉纱擦工件，以防发生安全事故。
6）操作过程中，应特别注意安全文明生产的要求，及时用铁钩清除铁屑。

参考文献

[1] 韩鸿鸾. 数控加工工艺 [M]. 北京：机械工业出版社，2005.
[2] 任国兴. 数控车削加工工艺与编程操作 [M]. 北京：机械工业出版社，2006.
[3] 沈建峰. 数控加工工艺编程与操作（FANUC 系统车床分册）[M]. 中国劳动社会保障出版社，2008.
[4] 袁锋. 数控车床培训教程 [M]. 北京：机械工业出版社，2006.
[5] 张超英. 数控车床 [M]. 北京：化学工业出版社，2003.